新时代背景下
大学数学教学改革与实践

宋延乐　王　忍　席祥祥　著

哈尔滨出版社
HARBIN PUBLISHING HOUSE

图书在版编目（CIP）数据

新时代背景下大学数学教学改革与实践 / 宋延乐，
王忍，席祥祥著. -- 哈尔滨 : 哈尔滨出版社，2024.1
ISBN 978-7-5484-7625-2

Ⅰ．①新… Ⅱ．①宋… ②王… ③席… Ⅲ．①高等数
学－教学改革－研究－高等学校 Ⅳ．① O13

中国国家版本馆 CIP 数据核字（2023）第 205832 号

书　　名：**新时代背景下大学数学教学改革与实践**
XINSHIDAI BEIJINGXIA DAXUE SHUXUE JIAOXUE GAIGE YU SHIJIAN

作　　者：宋延乐　王　忍　席祥祥　著
责任编辑：韩伟锋
封面设计：张　华

出版发行：哈尔滨出版社（Harbin Publishing House）
社　　址：哈尔滨市香坊区泰山路 82-9 号　　邮编：150090
经　　销：全国新华书店
印　　刷：廊坊市广阳区九洲印刷厂
网　　址：www.hrbcbs.com
E－mail：hrbcbs@yeah.net
编辑版权热线：（0451）87900271　87900272

开　　本：787mm×1092mm　1/16　印张：10　字数：220千字
版　　次：2024年1月第1版
印　　次：2024年1月第1次印刷
书　　号：ISBN 978-7-5484-7625-2
定　　价：76.00元

凡购本社图书发现印装错误，请与本社印刷部联系调换。
服务热线：（0451）87900279

前言 Preface

对于高等教育而言，大学数学教学是十分重要的环节。大学数学不仅能培养学生掌握基础的数学知识，同时还能培养学生的数学思维以及综合能力。但是传统的大学数学教学方法、教学手段、教学内容以及考试方式都不能满足不断发展的教育需求。因此，大学数学教学要不断积极进行改革与创新，从而使大学教育紧跟时代步伐，真正推动高等教育不断发展。

大学数学教学对学生的评价标准并不能只依靠学生的数学成绩。因此，在大学数学教学过程中，教师应该对学生的考核方式进行改革。教师可以在大学数学课堂教学结束后的几分钟对学生进行测试，帮助学生掌握本节课的教师所讲的数学知识，真正形成属于自己的数学知识体系。学校可以根据自身需求建立相对应的大学数学题库，使题库覆盖整个大学数学教学提纲，使其成为一个科学的测试系统，帮助学生掌握应该掌握的大学数学知识。通过题库学生可以对自身的学习能力进行检测，同时培养学生的发散思维，使学生更好地参与到大学数学教学中，从而真正促进大学数学教学水平的提高。

传统的大学数学教材中通常会采用定义 – 定理 – 证明过程 – 举例四步走的方式为学生展示高等数学知识。这样为学生展示的教学内容不仅缺乏层次性，还导致不能满足多样化教学目标。因此，在大学数学教学过程中要改革创新教学内容。大学数学教师要积极参与到教材的改革与创新过程中，为学生选择合适的教学内容，删减学生不需要并且过于陈旧的教学内容，积极将原有的数学教学内容进行整合。同时在实际教学过程中，教师要注重理论与实际相结合，不仅要培养学生掌握大学数学知识，更要培养学生能够将所学数学知识进行灵活应用的能力。并且教师要以教学大纲为基础，在大学数学教学中注重培养学生的数学能力以及数学思维。例如，在大学数学教学中，教师对教学内容进行有选择地讲解，对于在实际中应用较多的数学知识进行重点讲解，对于学生只需了解的数学知识，教师可以略讲。通过对大学数学教学内容进行创新，使学生真正学到应用性强的数学知识。

综上所述，随着新课程改革的不断发展与深入，大学数学教学要不断进行改革创新，从而使大学数学教学更符合学生的实际需求，在培养学生掌握大学数学知识的同时培养学生良好的数学思维以及综合能力。

ontents 目录

第一章 新时代背景下大学数学教学概述

第一节 数学教学的发展概论

21世纪是一个科技快速发展，国际竞争激烈的时代，科技竞争归根结底是人才的竞争。培养和造就高素质的科技人才已经成为全世界各国教育改革中的一个非常重要的目标。我国适时地在全国范围内开展了新课程改革运动。社会在发展，科技在进步，大学是培养高素质人才的摇篮，大学数学教育也必须要满足社会快速发展的需要。所以新课程的教育理念、价值及内容都在不断地进行改革。

一、教学论的发展历史

数学课常使人产生一种错觉：数学家们几乎理所当然地在制定一系列的定理，使学生被淹没在成串的定理中。从课本的叙述中，学生根本无法感受到数学家所经历的艰苦漫长的求证道路，感受不到数学本身的美。而通过数学史，教师可以让学生明白：数学并不枯燥呆板，而是一门不断进步的、生动有趣的学科。所以，在数学教育中应该有数学史表演的舞台。

（一）东方数学发展史

在东方国家中，数学是在古中国的摇篮里逐渐成长起来的，中国的数学水平可以说是数一数二的，是东方数学的研究中心。

古人的智慧不容小觑，在祖先们的逐步摸索中，我们见识到了老祖宗从结绳记事到"书契"，再到写数字。在原始社会，这每一个进步都要间隔上百年乃至上千年。春秋时期，祖先们能够书写到3000以上的数字。逐渐地，他们意识到了仅仅能够书写数字是不够的，于是便产生了加法与乘法的萌芽。与此同时，数学开始出现在书籍上。

战国时期则出现了四则运算，《荀子》《管子》《周逸书》中均有不同程度的记载。

乘除的运算在公元 3 世纪的《孙子算经》中有了较为详细的描述。现在多有运用的勾股定理亦在此时出现。算筹制度的形成大约在秦汉时期，筹的出现可谓是中国数学史上的一座里程碑，在《孙子算经》中有记载其具体算数的方法。

《九章算术》的出现可以说将中国数学推到了一个顶峰地位。它是古中国第一部专门阐述数学的著作，是"算经十书"中最重要的部分。后世的数学家在研习数学时，多是以《九章算术》启蒙。《九章算术》在隋唐时期就传入了朝鲜、日本。这其中最早出现的负数概念，远远领先于其他国家。遗憾的是，从宋末到清初，由于频繁的战争、统治的思想理念等种种原因，中国的数学走向了低谷。然而，在此期间，西方的数学迅速发展，西方数学将我国数学甩得很远。不过，我国当时也并非止步不前，至今很多人还在用的算盘就是出现在元末，随之而来出现了很多口诀及相关书籍，算盘是数学历史上一颗灿烂的明珠。

16 世纪前后，西方数学被引入中国，中西方数学开始有了交流，然而好景不长，清政府闭关锁国的政策让中国的数学家再一次坐井观天，只得对之前的研究成果继续钻研。这一时期，发生了几件大事，鸦片战争失败，洋务运动兴起，让数学中西合璧，此时的中国数学家虽然也取得了一些成就，如幂级数等，然而，中国却已不再独占鳌头。19 世纪末 20 世纪初，出现了留学高潮，代表人物有陈省身、华罗庚等人。此时的中国数学，已经带有了现代主义色彩。新中国成立以后，我国百废待兴，数学界也没有什么建树。随着郭沫若先生的《科学的春天》的发表，数学才开始有了起色，我国的数学水平已然落后于世界。

（二）西方数学发展史

古希腊是四大文明古国之一，其数学发展在当时可谓万众瞩目。学派是当时数学发展的主流，各学派做出的突出贡献改变了世界。最早出现的学派有以泰勒斯为代表的爱奥尼亚学派、毕达哥拉斯学派的初等数学、勾股定理，还有以芝诺为代表的悖论学派。在雅典有柏拉图学派，柏拉图推崇几何，并且培养出许多优秀的学生，比较为人熟知的有亚里士多德，亚里士多德的贡献并不比他的老师少。亚里士多德创办了吕园学派，逻辑学即为吕园学派所创立，吕园学派同时也为欧几里得著的《几何原本》奠定了基础。《原本》是欧洲数学的基础，被认为是历史上最成功的教科书，在西方的流传广度仅次于《圣经》。它采用了逻辑推理的形式贯彻全书，哥白尼、伽利略、笛卡儿、牛顿等数学家都受《原本》的影响，而取得了伟大的成就。

如今，我们在计数时普遍用的是阿拉伯数字。阿拉伯数学于 8 世纪兴起，15 世纪衰落，是伊斯兰教国家所创立的数学，阿拉伯数学的主要成就有一次方程解法、三次方程几何解法、二项展开式的系数等。13 世纪时，纳速拉丁首先从天文学里把三角分割出来，让三角学成为一门独立的学科。从 12 世纪时起，阿拉伯数学渐渐渗透到了西班牙和欧洲。而 1096—1291 年的十字军远征，让希腊、印度和阿拉伯人的文明，中国的四大发明传入了欧洲，由于意大利有利的地理位置，让其迎来了新时代的到来。

到了 17 世纪，数学的发展实现了质的飞跃。笛卡儿在数学中引入了变量，成为数学史上一个重要的转折点；英国科学家和德意志数学家分别独立创建了微积分。继解析几何创立后，数学又开拓了以变数为主要研究方向的新的领域，它就是我们所熟知的"大学数学"。

（三）数学发展史与数学教学活动的整合

在计数方面，中国采用算筹，而西方则运用了字母计数法。不过受文字和书写用具的约束，各地的计数系统有很大差异。希腊的字母数系简明、方便，蕴含了序的思想，但在变革方面很难有所提升，因此希腊实用算数和代数长期落后，而算筹在起跑线上占得了先机。不过随着时代的进步，算筹的不足之处也表露出来。可见凡事要用辩证的思想来看待事物的发展。自古以来，我国一直是农业大国，数学也基本上是为农业服务，《九章算术》所记录的问题大多与农业相关。而中国古代等级制度森严，研究数学的大多是一些官职人员，人们逐渐安于现状，而统治者为了巩固朝政，也往往扼杀了一些人的先进思想。数学的发展与国家的繁荣昌盛息息相关。在西方，数学文化始终处于主导地位。随着经济的不断发展，对计算的要求日渐提高，富足的生活使得人们有更多的时间从事一些理论研究，各个学派的学者，乐于思考问题、解决问题，不同于东方的重农抑商，西方在商业方面大大推进了数学的发展。

1. 数学史有助于教师和学生形成正确的数学观

纵观数学历史的发展，数学观经历了由远古的"经验论"到欧几里得的"演绎论"，再到现代的"经验论"与"演绎论"相结合而致"拟经验论"的认识转变过程。数学认识的基本观念也发生了根本的变化，由柏拉图学派的"客观唯心主义"发展到了数学基础学派的"绝对主义"，又发展到拉卡托斯的"可误主义"、"拟经验主义"以及后来的"社会建构主义"。

因此，教师要为学生准备的数学，也就是教师要进行教学的数学就必须是：作为整体的数学，而不是分散、孤立的各个分支。数学教师所持有的数学观，与他在数学教学中的设计思想、他在课堂讲授中的叙述方法以及他对学生的评价要求都有密切的联系。通过数学教师传递给学生的任何一些关于数学及其性质的细微信息，都会对学生今后去认识数学，以及数学在他们生活经历中的作用产生深远的影响，也就是说，数学教师的数学观往往会影响学生的数学观的形成。

2. 数学史有利于学生从整体上把握数学

数学教材的编写由于受诸多限制，教材往往按定义－公理－定理－例题的模式编写。这实际上是将表达的思维与实际的创造过程颠倒了，这往往给学生造成一种错觉：数学就是从定理到定理，数学的体系结构完全经过锤炼，已成定局。数学彻底地被人为地分为一章一节，好像成了一个个各自独立的堡垒，各种数学思想与方法之间的联系几乎难以找到。与此不同，数学史中对数学家的创造思维活动过程有着真实的历史记录，学生从中可以了解到数学发展的历史长河，鸟瞰每个数学概念、数学方法与数学思想的发展过程，把握数学发展的整体概貌。这可以帮助学生从整体上把握自己所学知识在整个数学结构中的地位、作用，便于学生形成知识网络，形成科学系统。

3. 数学史有利于激发学生的学习兴趣

兴趣是推动学生学习的内在动力，决定着学生能否积极、主动地参与学习活动。笔者认为，如果能在适当的时候向学生介绍一些数学家的趣闻逸事或一些有趣的数学现象，那无疑是激发学生学习兴趣的一条有效途径。如阿基米德专心于研究数学问题而丝毫不知死神的降临，当敌方士兵用剑指向他时，他竟然只要求等他把还没证完的题目完成了再害他而已。又如当学生知道了如何作一个正方形，使其面积等于给定正方形的两倍后，告诉他们倍立方问题及其神话中的起源——只有造一个两倍于给定祭坛的立方祭坛，太阳神阿波罗才会息怒。一些史料的引入，无疑会让学生体会到数学并不是一门枯燥呆板的学科，而是一门不断进步的生动有趣的学科。

4. 数学史有利于培养学生的思维能力

数学史在数学教育中还有着更高层次的运用，那就是在学生数学思维的培养上。"让学生学会像数学家那样的思维，是数学教育所要达到的目的之一。"数学一直被看成是思维训练的有效学科，数学史则为此提供了丰富而有力的材料。如，我们知道毕氏定理有 370 多种证法，有的证法简洁漂亮，让人拍案叫绝；有的证法迂回曲折，让人豁然开朗。每一种证法，都是一条思维训练的有效途径。如球体积公式的推导，除了我国数学家祖冲之的截面法外，还有阿基米德的力学法和旋转体逼近法、开普勒的棱锥求和法等。这些数学史实的介绍都非常有利于拓宽学生视野、培养学生全方位的思维能力。

5. 数学史有利于提高学生的数学创新精神

数学素养是作为一个有用的人应该具备的文化素质之一。米山国藏曾指出：学生们在初中、高中接受的数学知识，毕业进入社会后几乎没有什么机会应用，所以通常是出校门后不到一两年，很快就忘掉了。然而不管他们从事什么业务工作，那些深刻地铭刻于头脑中的数学精神、数学思维方法、数学研究方法、数学推理方法和着眼点等，却随时随地发生作用，使他们受益终身。

数学史是穿越时空的数学智慧。说它穿越时空，是因为它历史久远而且涉足的地域辽阔无疆。就中国数学史而言，在《易·系辞》中就记载着"上古结绳而治，后世圣人易之以书契"。据考证，在殷墟出土的甲骨文卜辞中出现的最大的数字为三万，作为计算工具的"算筹"，其使用则在春秋时代就已经十分普遍……列述这些并非是要费神去探寻数学发展的足迹，而是为了说明一个事实，数学的诞生和发展是紧密地伴随着中华民族的精神、智慧的诞生和发展的。

将数学发展史有计划、有目的、和谐地与数学教学活动进行整合是数学教学中的一项细致、深入而系统的工作，绝非将一个数学家的故事或是一个数学发展史中的曲折事例放到某一个教学内容的后面那么简单。数学史要与教学内容在思想观念上，从整体上、技术上保持一致性和完整性。学习研读数学史将使我们获得思想上的启迪、精神上的陶冶，因为数学史不仅能体现数学文化的丰富内涵、深邃思想、鲜明个性，还能从科学的思维方式、思想方法、逻辑规律等角度，培养人们科学睿智的头脑。数学史是丰富的、充盈的、智慧的、凝练的和深刻的，数学史在中学数学教学中的结合和渗透，是当前中学数学教学，特别是高中数学教学应予重视和认真落实的一项教学任务。

二、我国数学教学的改革概况

大学数学作为一门基础学科，已经广泛渗透到自然科学和社会科学的各个分支，为科学研究提供了强有力的手段，使科学技术获得了突飞猛进的发展，也为人类社会的发展创造了巨大的物质财富和精神财富。大学数学作为高校的一门必修的基础课程，为学生学习后继专业课程和解决现实生活中的实际问题提供了必备的数学基础知识、方法和数学思想。近年来，虽然大学数学课程的教学已经进行了一系列的改革，但受传统教学观念的影响，仍存在一些问题，这就需要教育工作者，尤其是数学教育工作者，在这方面进行不懈地探索、尝试与创新。

（一）高校大学数学教学的现状

1. 近年来，由于不断地扩招，一些基础较差的学生也进入了高校，学生的学习水平和能力变得参差不齐。

2. 教师对数学的应用介绍得不到位，与现实生活严重脱节，甚至没有与学生后继课程的学习做好衔接，从而给学生一种"数学没用"的错觉。

3. 高校在大学数学教学中的教学手段相对落后，很多教师抱着板书这种传统的教学手段不放，在课堂上不停地说、写和画，总怕耽误了课程进度。在这种教学方式的束缚下，学生的思考和理解很少，不少学生面对复杂、冗长的概念、公式和定理望而生畏，难以接受，渐渐地，教学缺乏了互动性，学生也失去了学习的兴趣。

（二）大学数学教学的改革措施

1. 大学数学与数学实验相结合，激发学生的学习兴趣

传统的大学数学教学中只有习题课，没有数学实验课，这不利于培养学生利用所

学知识和方法解决实际问题的能力。如果高校开设数学实验课，有意识地将理论教学与学生上机实践结合起来，变抽象的理论为具体，使学生由被动接受转变为积极主动地参与，激发学生学习本课程的兴趣，培养学生的创造精神和创新能力。在实验课的教学中，可以适量介绍 MATLAB、MATHEMATIC、LINGO、SPSS、SAS 等数学软件，使学生在计算机上学习大学数学，加深对基本概念、公式和定理的理解。比如，教师可以通过实验演示函数在一点处的切线的形成，以加深学生对导数定义的理解；还可以通过在实验课上借助 MATHEMATIC 强大的计算和作图功能，来考察数列的不同变化情况，从而让学生对数列的不同变化趋势获得较为生动的感性认识，加深对数列极限的理解。

2. 合理运用多媒体辅助教学的手段，丰富教学方法

我国已经步入大众化的教育阶段，在高校大学数学课堂教学信息量不断增大，而在教学课时不断减少的情况下，利用多媒体进行授课便成为一种新型的和卓有成效的教学手段。

利用多媒体技术服务于高校的大学数学教学，改善了教师和学生的教学环境，教师不必浪费时间用于抄写例题等工作，将更多的精力投入教学的重点、难点的分析和讲解中，不但增加了课堂上的信息量，还提高了教学效率和教学质量。教师在教学实践中采用多媒体辅助教学的手段，创设直观、生动、形象的数学教学情景，通过计算机图形显示、动画模拟、数值计算及文字说明等，形成了一个全新的图文并茂、声像结合、数形结合的教学环境，加深了学生对概念、方法和内容的理解，有利于激发学生的学习兴趣和思维能力，从而改变了以前较为单一枯燥的讲解和推导的教学手段，使学生积极主动地参与到教学过程中。例如，教师在引入极限、定积分、重积分等重要概念，介绍函数的两个重要极限，切线的几何意义时，不妨通过计算机作图对极限过程做一下动画演示；讲函数的傅立叶级数展开时，通过对某一函数展开次数的控制，观看其曲线的拟合过程，学生会很容易接受。

3. 充分发挥网络教学的作用，建立教师辅导、答疑制度

随着计算机和信息技术的迅速发展，网络教学的作用日益重要，逐渐成为学生日常学习的重要组成部分。教师的教学网站、校园教学图书馆等，是学生经常光临的第二课堂。每个学生都可以上网查找、搜索自己需要的资料，查看教师的电子教案，并通过电子邮件、网上教学论坛等相互交流与探讨。教师可以将电子教案、典型习题解答、单元测试练习、知识难点解析、教学大纲等发布到网站上供学生自主学习，还可以在网站上设立一些与数学有关的特色专栏，向学生介绍一些数学史知识、数学研究的前沿动态以及数学家的逸闻趣事，激发学生学习数学的兴趣，启发学生将数学中的思想和方法自觉应用到其他科学领域。

对于学生在数学论坛、教师留言板中提出的问题，教师要及时解答，并抽出时间

集中辅导共同探讨，通过形成制度和习惯，加强教师的责任意识，引导学生深入钻研数学内容，这对学生学习的积极性和教学效果有着重要影响。

4.在教学过程中渗透专业知识

如果大学数学教学只是一味地讲授数学理论和计算，而对学生后继课程的学习置若罔闻，就会使学生感到厌倦，学习积极性就不高，教学质量就很难保证。任课教师可以结合学生的专业知识进行讲解，培养学生运用数学知识分析和处理实际问题的能力，进而提升学生的综合素质，满足后继专业课程对数学知识的需求。比如，教师在机电类专业学生的授课中，第一堂课就可以引入电学中几个常用的函数；在导数概念之后立即介绍电学中几个常用的变化率（如电流强度）模型的建立；作为导数的应用，介绍最大输出功率的计算；在积分部分加入功率的计算，等等。

总之，大学数学教学有自身的体系和特点，任课教师必须转变自己的思想，改进教学方法和手段，提高教学质量，充分发挥大学数学在人才培养中应有的作用。

三、我国基础教育数学课程改革概要

改革开放以来，我国社会主义建设取得了巨大的成就和发展。我国教育进入了新的发展阶段，不仅实现了高等教育大众化，中等教育、大学数学教育也陆续取得了较好的发展，基础教育更是受到国家和政府的重视。但是，在取得成就之时，我国教育也相应地产生了一些问题，于是教育改革逐渐进入人们的视野。近些年，我国对基础教育的新课程改革引起了教育界和社会很大的关注。加快构建符合当下素质教育要求的基础教育新课程也自然成为全面推进基础教育及素质教育发展的关键环节。回顾近十年来我国对基础教育的新课程改革，既取得了可喜的成就，也反映出了一些问题，这就需要我们在改革的同时不断回顾思考，以取得更好的进步。

（一）基础教育新课程改革的成就

新课程改革在课程开发、课程体系和内容等方面进行了较大的调整，以便更好地适应学生对于知识的掌握和对课程的学习巩固。在课程开发方面，新课程改革明确了课程开发的三个层次：国家、地方和学校。国家总体规划并制定课程标准。地方依据国家课程政策和本地实际情况，规划地方课程。学校则根据自身办学特点和资源条件，调动校长、教师、学生、课程专家等共同参与课程计划的制订、实施和评价工作。在课程体系方面，新课程改革表现为均衡性、综合性和选择性。设置的九年义务教育课程中，教育内容进行了更新，减少了课程门类，更加强调学科综合，并构建社会科学与自然科学等综合课程，如在普通高中阶段设置的语言与文学、数学、人文与社会、科学、技术、艺术、体育与健康和综合实践活动八个学习领域。

新课程改革集中体现了"以人为本""以学生为本"。新课改强调学习者自己积极参与并主动建构。在对知识建构的过程中，强调对学生主动探究的学习方法的倡导，使学生在新课程中不再是传统教育的完全被动接受者，而是转为了真正意义上的知识建构者和主动学习者。教师在学生学习的过程中不再是外在的专制者，而是促进学生掌握知识的引导者和合作者。这种平等和谐的师生互动以及生生互动都极好地促进了学生对于课程的学习和对知识的掌握，也更好地推动了教学的开展实施。

新课程改革不仅强调学生对知识的掌握，而且开始注重学生的品德发展，做到科学与人文并重，并注重对学生个性的培养发展。新课程改革在素质教育思想的指导下，对学生的评价内容从过分注重学业成绩转向注重多方面发展的潜力，关注学生的个别差异和发展的不同需求，力求促进每位学生的发展能与自己的志趣相联系。

（二）基础教育新课程改革的问题

1. 新课程改革的课程体系略有些复杂，这并不利于部分教师对新课程的把握和讲解，尤其是一些老教师。面对新课程改革，部分教师反映不顺手，甚至会陷入行动的"盲区"，教师要花费更多的时间精力研究新课改，适应新课改的教学方法，这给教师增添了比较大的负担。

2. 由于新课程改革强调加强学生的主体地位，强调师生关系的平等性，这也使部分教师一时无法适应角色的转变，在具体的课堂教学中，短时间内并不能很好地将其运用于实践。

3. 在教师培养方面，目前师范院校的毕业生不能马上上岗，需培训 1~2 年，并且他们能否承担起实施新课程的任务，也还是一大考验。而当前我国对高素质高能力教师的需求又比较大，因此在新课改实施过程中，教师的入职成为一大问题。

（三）基础教育新课程改革的建议

1. 面对新课程改革，教师不仅要丰富知识，还应该不断充实自我，逐渐改变以往的教学观念和教学方法。教师要从过去对知识的权威和框架限制中走出来，在课堂上真正地和学生共同学习共同探讨，重视研究型学习。学校要重视广纳贤才。学校领导班子在认真分析本校教师素质状况的基础上，可以为教师组织新课程培训，以加强教师理论学习，并能在实践中领会贯彻新课程改革精神，融会贯通。学校可以组织教师观看新课程影碟观摩课，派骨干教师走出去参加培训学习，在全校范围内开展走进新课程的大讨论、演讲比赛，也可以相应地开展一些教师论坛，讨论教师对新课改的认识和体会等。

2. 对于部分落后的农村地区以及条件设施差的学校，新课程改革还不能很好地开展实施。这种情况下，这些学校一方面可以向上级政府和教育主管部门申请教学资金，另一方面要鼓励广大师生积极行动起来，自己能做的教具学具就自己做，互帮互助，资源共享，以便更好地改善办学条件，推动新课改的实施。

基础教育新课程改革强调建立能充分体现学生学习主体性和能动性的新型学习方式，这不仅有利于学生的全面发展，而且很好地适应了我国素质教育的要求。在基础教育新课程改革这条道路上，我们要不断地回顾思考并总结完善，以使新课改能够走得更远更强。

第二节　弗赖登塔尔的数学教育思想

一、弗赖登塔尔数学教育思想

弗赖登塔尔的数学教育思想主要体现在对数学的认识和对数学教育的认识上。他认为数学教育的目的应该是与时俱进的，并应针对学生的能力来确定。数学教学应遵循创造原则、数学化原则和严谨性原则。

（一）弗赖登塔尔对数学的认识

1. 数学发展的历史

弗赖登塔尔强调："数学起源于实用，它在今天比以往任何时候都更有用！但其实，这样说还不够，我们应该说：倘若无用，数学就不存在了。"从其著作的论述中我们可以看到，任何数学理论的产生都有其应用需求，这些"应用需求"对数学发展起了推动作用。弗赖登塔尔强调：数学与现实生活的联系，其实也就要求数学教学要从学生熟悉的数学情景和感兴趣的事物出发，从而更好地学习和理解数学，并要求学生能够做到学以致用，利用数学来解决实际中的问题。

2. 现代数学的特征

（1）数学的表达。弗赖登塔尔在讨论现代数学特征的时候，首先指出它的现代化特征是："数学表达的是再创造和形式化的活动。"其实数学是离不开形式化的，数学更多时候表达的是一种思想，具有隐性含义、高度概括的特点，因此需要这种含义精确、高度抽象、简洁的符号化表达。

（2）数学概念的构造。弗赖登塔尔指出，数学概念的构造是典型的通过"外延性抽象"到实现"公理化抽象"。现代数学越来越趋近于公理化，因为公理化抽象对事物的性质进行分析和分类，能给出更高的清晰度和更深入的理解。

（3）数学与古典学科之间的界限。弗赖登塔尔认为："现代数学的特点之一是它与诸古典学科之间的界限模糊。"首先现代数学提取了古典学科中的公理化方法，然后将其渗透到整个数学中；其次是数学也融入于别的学科之中，其中包括一些看起来与数学无关的领域也体现了一些数学思想。

（二）弗赖登塔尔对数学教育的认识

1. 数学教育的目的

弗赖登塔尔围绕数学教育的目的进行了研究和探讨，他认为数学教育的目的应该是与时俱进的，而且应该针对学生的能力来确定。他特别研究了以下几个方面。

（1）应用

弗赖登塔尔认为："应当在数学与现实的接触点之间寻找联系。"而这个联系就是将数学应用于现实。数学课程的设置也应该与现实社会联系起来，这样学习数学的学生才能够更好地走进社会。其实，从现在计算机课程的普及中可以看出弗赖登塔尔这一看法是经得起时间考验的。

（2）思维训练

弗赖登塔尔对"数学是否是一种思维训练？"这一问题感到棘手，尽管其意愿的答案是肯定的。但更进一步，他曾给大学生和中学生提出了许多数学问题，其测试的结果是，在受过数学教育以后，对那些数学问题的看法、理解和回答均大有长进。

（3）解决问题

弗赖登塔尔认为：数学之所以能够得到高度的评价，其原因是它解决了许多问题。这是对数学的一种信任。而数学教育自然就应当把"解决问题"作为其又一目的，这其实也是实践与理论的一种结合。其实从现在的评价与课程设计等中都可以看出这一数学的教育目的。

2. 数学教育的基本原则

（1）再创造原则。弗赖登塔尔指出："将数学作为一种活动来进行解释和分析，建立在这一基础之上的教学方法，我称之为再创造方法。"再创造是整个数学教育最基本的原则，适用于学生学习过程的不同层次，应该使数学教学始终处于积极、发现的状态。笔者认为"情景教学"与"启发式教学"就遵循了这么一种原则。

（2）数学化原则。弗赖登塔尔认为：数学化不仅仅是数学家的事，也应该被学生所学习，用数学化组织数学教学是数学教育的必然趋势。他进一步强调："没有数学化就没有数学，特别是，没有公理化就没有公理系统，没有形式化也就没有形式体系。"这里，可以看出弗赖登塔尔对夸美纽斯倡导的"教一个活动最好的方法是演示，学一个活动最好的方法是做"是持赞同意见的。

（3）严谨性原则。弗赖登塔尔将数学的严谨性定义为："数学可以强加上一个有力的演绎结构，从而在数学中不仅可以确定结果是否正确，甚至可以确定结果是否已经正确地建立起来。"而且严谨性是相对于具体的时代、具体的问题来做出判断的。严谨性有不同的层次,每个问题都有相应的严谨性层次,要求学生通过不同层次的学习来理解并获得自己的严谨性。

二、弗赖登塔尔数学教育思想的现实意义

弗赖登塔尔(1905—1990)是荷兰著名的数学家和数学教育家,公认的国际数学教育权威,他于20世纪50年代后期发表的一系列教育著作在当时的影响遍及全球。虽历经半个多世纪的历史洗涤,但弗翁的教育思想在今天看来依然熠熠生辉,历久弥新。今天我们重温弗翁的教育思想,发现新课程倡导的一些核心理念,在弗翁的教育论著中早有深刻阐述。因此,领会并贯彻弗翁的教育思想,对于今天的课堂教学仍然深具现实意义。身处课程改革中的数学教育同仁们,理当把弗翁的教育思想奉为经典来品味咀嚼,从中汲取丰富的思想养料,获得教学启示,并能积极践行其教育主张。

(一)"数学化"思想的内涵及其现实意义

弗赖登塔尔把"数学化"作为数学教学的基本原则之一,并指出:"……没有数学化就没有数学,没有公理化就没有公理系统,没有形式化也就没有形式体系。……因此数学教学必须通过数学化来进行。"弗翁的"数学化",一直被作为一种优秀的教育思想影响着数学教育界人士的思维方式与行为方式,对全世界的数学教育都产生了极其深刻的影响。

何为"数学化"?弗翁指出:"笼统地讲,人们在观察现实世界时,运用数学方法研究各种具体现象,并加以整理和组织的过程,我称之为数学化。"同时他强调数学化的对象分为两类,一类是现实的客观事物,另一类是数学本身。以此为依据,数学可分为横向数学化和纵向数学化。横向数学化指对客观世界进行数学化,它把生活世界符号化,其一般步骤为:现实情境 – 抽象建模 – 一般化 – 形式化。今天新授课倡导的教学模式就是遵循这四个阶段进行的。纵向数学化是指横向数学化后,将数学问题转化为抽象的数学概念与数学方法,以形成公理体系与形式体系,使数学知识体系更系统、更完美。

目前一些教师或许是教育观念上还存在偏差,或许是应试教育大环境引发的短视功利心的驱动,常把数学化(横向)的四个阶段简约为最后一个阶段,即只重视数学化后的结果——形式化,而忽略得到结果的"数学化"过程本身。斩头去尾烧中段的结果,是学生学得快但忘得更快。弗赖登塔尔批评道:这是一种"违反教学法的颠倒"。也就是说,数学教学绝不能仅仅是灌输现成的数学结果,而是要引导学生自己去发现和得出这些结果。许多专家持同样观点,美国心理学家戴维斯就认为:在数学学习中,

学生进行数学工作的方式应当与做研究的数学家类似,这样才有更多的机会取得成功。笛卡儿与莱布尼兹说:"……知识并不是只来自一种线性的,从上演绎到下的纯粹理性……真理既不是纯粹理性,也不是纯粹经验,而是理性与经验的循环。"康德说:"没有经验的概念是空洞的,没有概念的经验是不能构成知识的。"

"纸上得来终觉浅,绝知此事要躬行","数学化"方式使学生的知识源自现实,也就容易在现实中被触发与激活。"数学化"过程能让学生充分经历从生活世界到符号化、形式化的完整过程,积累"做数学"的丰富体验,收获知识、解决问题策略、数学价值观等多元成果。此外,"数学化"对学生的远期与近期发展兼具重大意义。从长远来看,要使学生适应未来的职业周期缩短、节奏加快、竞争激烈的现代社会,使数学成为整个人生发展的有用工具,就意味着数学教育要给学生除知识外的更加内在的东西,这就是数学的观念、数学的意识。因为学生如果不是在与数学相关的领域工作,他们学过的具体数学定理、公式和解题方法大多是用不上的,但不管从事什么工作,从"数学化"活动中获得的数学式思维方式与看问题的着眼点,把现实世界转化为数学模式的习惯,努力揭示事物本质与规律的态度等等,却会随时随地发生作用。

张奠宙先生曾举过一例,一位中学毕业生在上海和平饭店做电工,他从空调机效果的不同,发现地下室到 10 楼的一根电线与众不同,现需测知其电阻。在别人因为距离长而感到困难的时候,他想到对地下室到 10 楼的三根电线进行统一处理。在 10 楼处将电线两两相接,在地下室分三次测量,然后用三元一次方程组计算出了需要的结果。这位电工后来又做过几次类似的事情,他也因此很快得到了上级的赏识与重视。这位电工解决问题的方法,并不完全是曾经做过类似数学题的方法,而是得益于他用数学的意识。在现实生活中,有了数学式的观念与意识,我们就总想把复杂问题转化为简单问题,就总是试图揭示出问题的本质与规律,就容易经济高效地处理问题,从而凸显出卓尔不群的才干,进而提高我们的工作与生活品质。

从近期讲,经历"数学化"过程,让学生亲历知识形成的全过程,且在获取知识的过程中,学生要重建数学家发现数学规律的过程,这其中探究对前行路径的自主猜测与选择、自主分析与比较、在克服困境中的坚守与转化、在发现解决问题的方法时获得的智慧满足与兴奋、在历经挫折后对数学式思维的由衷欣赏,以及由此产生的对数学情感与态度方面的变化,无一不是"数学化"带给学生成长的丰厚营养。波利亚说:只有看到数学的产生,按照数学发展的历史顺序或亲自从事数学发现时,才能更好地理解数学。同时,亲历形成过程得到的知识,在学生的认知结构中一定处于稳固地位,记忆持久,调用自如,迁移灵活,从而十分有利于学生当下应试水平的提高。除知识外,学生在"数学化"活动中将收获到包含数学史、数学审美标准、元认知监控、反思调节等多元成果,这些内容不仅有益于加深学生对数学价值的认识,更有益于增强学生的内部学习动机，增强用数学的意识与能力，这绝不是只向学生灌输成品数学就能达到的效果。

（二）"数学现实"思想的内涵及其现实意义

新课程倡导引入新课时，要从学生的生活经验与已有的数学知识处抛锚创设情境，这种观点，早在半个世纪前的弗翁教育论著中已一再涉及。弗翁强调，教学"应该从数学及与它所依附的学生亲身体验的现实之间去寻找联系"，并指出，"只有源于现实关系、寓于现实关系的数学，才能使学生明白和学会如何从现实中提出问题与解决问题，如何将所学知识更好地应用于现实"。弗翁的"数学现实"观告诉我们，每个学生都有自己的数学现实，即接触到的客观世界中的规律以及有关这些规律的数学知识结构。它不但包括客观世界的现实情况，也包括学生使用自己的数学能力观察客观世界所获得的认识。教师的任务在于了解学生的"数学现实"并不断地扩展提升学生的"数学现实"。

"数学现实"思想，让我们知晓了创设情境的真正教学意图及创设恰当情境对于教学的重要意义。首先，情境应该源于学生的生活常识或认知现状，前者的引入方式可以摆脱机械灌输概念的弊端，现实情境的模糊性与当堂知识联系的隐蔽性更有利于学生进行"数学化"活动，有利于学生主意自己拿、方法自己找、策略自己定，有利于学生逐步积淀生成正确的数学意识与观念；后者是学生进行意义建构的基本要求。其次，教师有效教学的必要前提，是了解学生的"数学现实"，一切过高与过低的、与学生"数学现实"不吻合的教学设计必定不会有好的教学效果。由此我们也就理解了新数运动失败的一个重要原因，是过分拔高了学生的"数学现实"；同时也就理解了为什么在课改之初，一些课堂数学活动的"幼稚化"会遭到一些专家的诟病，就是因为没有紧贴学生的"数学现实"贴船下篙。"如果我不得不把全部教育心理学还原为一条原理的话，我将会说，影响学习的唯一重要因素是学习者已经知道了什么。"奥苏贝尔的话恰好也道出了"数学现实"对教学的重要意义。

（三）"有指导的再创造"思想的内涵及其现实意义

1. "有指导的再创造"中"再"的意义及启示

弗赖登塔尔倡导按"有指导的再创造"的原则进行数学教学，即要求教师要为学生提供自由创造的广阔天地，把课堂上本来需要教师传授的知识、需要浸润的观念变为学生在活动中自主生成、缄默感受的东西。弗氏认为，这是一种最自然、最有效的学习方法。这种以学生的"数学现实"为基础的创造学习过程，是让学生的数学学习重复一些数学发展史上的创造性思维的过程。但它并非亦步亦趋地沿着数学史的发展轨迹，让学生在黑暗中慢慢地摸索前行，而是通过教师的指导，让学生绕开历史上数学前辈们曾经陷入的困境和僵局，避免他们在前进道路上所走过的弯路，浓缩前人探索的过程，依据学生现有的思维水平，沿着一条改良修正的道路快速前进。所以，"再创造"的"再"的关键是教学中不应该简单重复当年的真实历史，而是要结合当初数学史的发明发现特点，结合教材内容，更要结合学生的认知现实，致力于历史的重建或重构。弗翁的理由是："数学家从来不按照他们发现、创造数学的真实过程来介绍他们的工作，实际上经过艰苦曲折的思维推理获得的结论，他们常常以'显而易见'或是'容易看出'轻描淡写地一笔带过；而教科书则做得更彻底，往往把表达的思维过程与实际创造的进程完全颠倒，因而完全阻塞了'再创造的通道'。"

我们不难看到，今天的许多常规课堂，由于课时紧、自身水平有限、工作负担重、应试压力大等原因，教师常常喜欢用开门见山、直奔主题的方式来进行，按"讲解定义－分析要点－典例示范－布置作业"的套路教学，学生则按"认真听讲－记忆要点－模仿题型－练习强化"的方式日复一日地学习。然而，数学课如果总是以这样的流程来操作，学生失去的，将是亲身体验知识形成中对问题的分析、比较、对解决问题中策略的自主选择与评判，对常用手段与方法的提炼反思的机会。杜威说："如果学生不能筹划自己解决问题的方法，自己寻找出路，他就学不到什么，即使他能背出一些正确的答案，百分之百正确，他还是学不到什么。"其实，学习数学家的真实思维过程对学生数学能力的发展至关重要。张乃达先生说得好："人们不是常说，要学好学问，首先就要学做人吗？在数学学习中，怎样学习做人？学做什么样的人？这当然就是要学做数学家！要学习数学家的'人品'。而要学做数学家，当然首先就要学习数学家的眼光！"这只能从数学家"做数学"的思维方式中去学习。

德摩根就提倡这种"再创造"的教学方式。他举例说，教师在教代数时，不要一下子把新符号都解释给学生，而应该让学生按从完全书写到简写的顺序学习符号，就像最初发明这些符号的人一样。庞加莱认为："数学课程的内容应完全按照数学史上同样内容的发展顺序展现给读者，教育工作者的任务就是让孩子的思维经历其祖先之所经历，迅速通过某些阶段而不跳过任何阶段。"波利亚也强调学生学习数学应重新经历人类认识数学的重大几步。

例如，从1545年卡丹讨论虚数并给出运算方法，到18世纪复数广为人们接受，经历了200多年的时间，其间包括大数学家欧拉都曾认为这种数只存在于"幻想之中"。教师教授复数时，当然无须让学生重复当初人类发明复数的艰辛漫长历程，但可以把复数概念的引入，也设计成当初数学家遇到的初始问题，即"两数的和是10，积是40，求这两数"，让学生面临当初数学家同样的困境。这时教师让学生了解从自然数到正分数、负整数、负分数、有理数、无理数、实数的发展历程，以及数学共同体对数系扩充的规则要求。启发学生，对于前面的每一种数都找到了它的几何表征并研究其运算，那么复数呢，能否有几何表征方式？复数的运算法则又是什么样的？……这样的教学，既避免了学生无方向的低效摸索，又让学生在教师科学有效的引导下，像数学家一样经历了数学知识的创造过程。在这一过程中，学生获得的智能发展，远比被动接受教师传授来得透彻与稳固。正如美国谚语所说：我听到的会忘记，看到的能记住，唯有做过的才入骨入髓。

2.“有指导的再创造”中“有指导”的内涵及现实意义

弗翁认为，学生的“再创造”，必须是“有指导”的。因为，学生在“做数学”的活动中常处于结论未知、方向不明的探究环境中。若放任学生自由探究而教师不作为，学生的活动极有可能陷入盲目低效或无效境地。打个比方，让一个盲人靠自己的摸索到他从来没有去过的地方，他或许花费太多的时间，碰到无数的艰辛，通过跌打滚爬最终能到达目的地，但更有可能摸索到最后还是无功而返。如果把在探索过程中的学生比喻为看不清知识前景的盲人，教师作为一个知识的明眼人，就应该始终站在学生身后的不远处。当学生碰到沟壑时，教师能上前牵引他；当他走反了方向时，能上前把他指引到正确的道路上来，这就是教师“有指导”的意义。另外，并不是学生经过数学化活动就能自动生成精致化的数学形式定义。事实上，数学的许多定义是人类经过上百年、数千年，通过一代代数学家的不断继承、批判、修正、完善，才逐步精致严谨起来的，想让学生自己通过几节课就生成形式化概念是不可能的。所以说，学生的数学学习，更主要的还是一种文化继承行为。弗翁强调“‘指导再创造’意味着在创造的自由性与指导的约束性之间，以及在学生取得自己的乐趣和满足教师的要求之间达到一种微妙的平衡”。当前教学中有一种不好的现象，即把学生在学习活动中的主体地位与教师的必要指导相对立，这显然与弗翁的思想相背离。当然，教师的指导最能体现其教学智慧，体现在何时、何处、如何介入到学生的思维活动中。

（1）如何指导——用元认知提示语引导。在“做数学”的活动中，对学生启发的最好方式是用元认知提示语，教师要根据探究目标隐蔽性的强弱，知识目标与学生认知结构潜在距离的远近，设计暗示成分或隐或显的元认知问题。一个优秀的教师一定是善用元认知提示语的教师。

（2）何时指导——在学生处于思维的迷茫状态时。不给学生充分的活动时空，不让学生经历一段艰难曲折的走弯路过程，教师就介入活动中，这不是真正意义上的“数学化”教学。在教师的过早干预下，也许学生知识、技能学得快一些，但学生学得快忘得更快。所以，教师只有在学生心求通而不得时点拨，在学生的思维偏离正确的方向时引领，才能充分发挥师生双方的主观能动性，让学生在挫折中体会数学思维的特色与数学方法的魅力。

第三节 波利亚的解题理论

乔治·波利亚，美籍匈牙利数学家，20世纪举世公认的数学教育家，享有国际盛誉的数学方法论大师。他在长达半个世纪的数学教育生涯中，为世界数学的发展立下了不可磨灭的功勋。他的数学思想对推动当今数学教育的改革与发展仍有极大的指导意义。

一、波利亚数学教育思想概述

（一）波利亚的解题教学思想

波利亚认为"学校的目的应该是发展学生本身的内蕴能力，而不仅仅是传授知识"。在数学学科中，能力指的是什么？波利亚说："这就是解决问题的才智——我们这里所指的问题，不仅仅是寻常的，它们还要求人们具有某种程度的独立见解、判断力、能动性和创造精神。"他发现，在日常解题和攻克难题而获得数学上的重大发现之间，并没有不可逾越的鸿沟。要想有重大的发现，就必须重视平时的解题。因此，他说，"中学数学教学的首要任务就是加强解题的训练"，通过研究解题方法看到"处于发现过程中的数学"。他把解题作为培养学生数学才能和教会他们思考的一种手段与途径。这种思想得到了国际数学教育界的广泛赞同。波利亚的解题训练不同于"题海战术"，他反对让学生做大量的题，因为大量的"例行运算"会"扼杀学生的兴趣，妨碍他们的智力发展"。因此，他主张与其穷于应付烦琐的教学内容和过量的题目，还不如选择一个有意义但又不太复杂的题目去帮助学生深入发掘题目的各个侧面，使学生通过这道题目，就如同通过一道大门而进入一个崭新的天地。

比如，"证明根号2是无理数"和"证明素数有无限多个"就是这样的好题目，前者是通向实数的精确概念，后者是通向数论的门户，打开数学发现大门的金钥匙往往就在这类好题目之中。波利亚的解题思想集中反映在他的《怎样解题》一书中，该书的中心思想是解题过程中怎样诱发灵感。书的一开始就是一张"怎样解题表"，在表中收集了一些典型的问题与建议，其实质是试图诱发灵感的"智力活动表"。正如波利亚在书中所写的"我们的表实际上是一个在解题中典型有用的智力活动表""表中的问题和建议并不直接提到好念头，但实际上所有的问题和建议都与它有关"。"怎样解题表"包含四部分内容，即弄清问题、拟订计划、实现计划、回顾。"弄清问题是为好念头的出现做准备；拟订计划是试图引发它；在引发之后，我们实现它；回顾此过程和求解的结果，是试图更好地利用它。"波利亚所讲的好念头，就是指灵感。《怎样解题》一书中有一部分内容叫"探索法小词典"，从篇幅上看，它占全书的4/5。"探索法小词典"的主要内容就是配合"怎样解题表"，对解题过程中典型有用的智力活动做进一步解释。全书的字里行间，处处给人一种强烈的感觉：波利亚强调解题训练的目的是引导学生开展智力活动，提高数学才能。

从教育心理学角度看，"怎样解题表"的确是十分可取的。利用这张表，教师可行之有效地指导学生自学，发展学生独立思考和进行创造性活动的能力。在波利亚看来，解题过程就是不断变更问题的过程。事实上，"怎样解题表"中许多问题和建议都是"直接以变化问题为目的的"，如：你知道与它有关的问题吗？是否见过形式稍微不同的题目？你能改述这道题目吗？你能不能用不同的方法重新叙述它？你能不能想出一个更容易的有关问题？一个更普遍的题？一个更特殊的题？一个类似的题？你能否解决这道题的一部分？你能不能由已知数据导出某些有用的东西？能不能想出适用于确定未知数的其他数据？你能改变未知数，或已知数，必要时改变两者，使新未知数和新的已知数更加互相接近吗？波利亚说："如果不'变化问题'，我们几乎不能有什么进展"。"变更问题"是《怎样解题》一书的主旋律。"题海"是客观存在的，我们应研究对付"题海"的战术。波利亚的"表"切实可行，给出了探索解题途径的可操作机制，被人们公认为"指导学生在题海游泳"的"行动纲领"。著名的现代数学家瓦尔登早就说过，"每个大学生，每个学者，特别是每个教师都应读《怎样解题》这本引人入胜的书"。

（二）波利亚的合情推理理论

通常，人们在数学课本中看到的数学是"一门严格的演绎科学"。其实，这仅是数学的一个侧面，是已完成的数学。波利亚大力宣扬数学的另一个侧面，那就是创造过程中的数学，它像"一门实验性的归纳科学"。波利亚说，数学的创造过程与任何其他知识的创造过程一样，在证明一个定理之前，先得猜想、发现出这个定理的内容，在完全做出详细证明之前，还得不断检验、完善、修改所提出的猜想，还得推测证明的思路。在这一系列的工作中，需要充分运用的不是论证推理，而是合情推理。论证推理以形式逻辑为依据，每一步推理都是可靠的，因而可以用来肯定数学知识，建立严格的数学体系。合情推理则只是一种合乎情理的、好像为真的推理。例如，律师的案情推理、经济学家的统计推理、物理学家的实验归纳推理等，它的结论带有或然性。合情推理是冒风险的，它是创造性工作所赖以进行的那种推理。合情推理与论证推理两者互相补充，缺一不可。

波利亚的《数学与合情推理》一书通过历史上一些有名的数学发现的例子分析说明了合情推理的特征和运用，首次建立了合情推理模式，开创性地用概率演算讨论了合情推理模式的合理性，试图使合情推理有定量化的描述，还结合中学教学实际呼吁："要教学生猜想，要教学生合情推理"，并提出了教学建议。这样就在笛卡儿、欧拉、马赫、波尔察诺、庞加莱、阿达马等数学大师的基础上前进了一步，他无愧于当代合情推理的领头人。数学中的合情推理是多种多样的，而归纳和类比是两种用途最广的特殊合情推理。拉普拉斯曾说过："甚至在数学里，发现真理的工具也是归纳与类比。"因而波利亚对这两种合情推理给予了特别重视，并注意到了更广泛的合情推理。他不仅讨论了合情推理的特征、作用、范例、模式，还指出了其中的教学意义和教学方法。

波利亚反复呼吁：只要我们能承认数学创造过程中需要合情推理、需要猜想的话，数学教学中就必须有教猜想的地位，必须为发明做准备，或至少给一点发明的尝试。对于一个想以数学作为终身职业的学生来说，为了在数学上取得真正的成就，就得掌握合情推理；对于一般学生来说，他也必须学习和体验合情推理，这是他未来生活的需要。他亲自讲课的教学片《让我们教猜想》荣获 1968 年美国教育电影图书协会十周年电影节的最高奖——蓝色勋带。1972 年，他到英国参加第二届国际数学教育会议时，又为 BBC 开放大学录制了第二部电影教学片《猜想与证明》，并于 1976 年与 1979 年发表了《猜想与证明》和《更多的猜想与证明》两篇论文。怎样教猜想？怎样教合情推理？没有十拿九稳的教学方法。波利亚说，教学中最重要的就是选取一些典型教学结论的创造过程，分析其发现动机和合情推理，然后再让学生模仿范例去独立实践，在实践中发展合情推理能力。教师要选择典型的问题，创设情境，让学生饶有兴趣地自觉去试验、观察，得到猜想。"学生自己提出了猜想，也就会有追求证明的渴望，因而此时的数学教学最富有吸引力，切莫错过时机。"波利亚指出，要充分发挥班级教学的优势，鼓励学生之间互相讨论和启发，教师只有在学生受阻的时候才给些方向性的揭示，不能硬把他们赶上事先预备好的道路，这样学生才能体验到猜想、发现的乐趣，才能真正掌握合情推理。

（三）波利亚论教学原则及教学艺术

有效的教学手段应遵循一些基本的原则，而这些原则应当建立在数学学习原则的基础上，为此，波利亚提出了下面三条教学原则。

1. 主动学习原则

学习应该是积极主动的，不能只是被动或被授式的，不经过自己的脑子活动就很难学到什么新东西，就是说学东西的最好途径是亲自去发现它。这样，会使自己体验到思考的紧张和发现的喜悦，有利于养成正确的思维习惯。因此，教师必须让学生主动学习，让思想在学生的头脑里产生，教师只起助产的作用。教学应采用苏格拉底的回答法：向学生提出问题而不是讲授全部现成结论，对学生的错误不是直接纠正，而是用另外的补充问题来帮助暴露矛盾。

2. 最佳动机原则

如果学生没有行动的动机，就不会去行动。而学习数学的最佳动机是对数学知识的内在兴趣，最佳奖赏应该是聚精会神的脑力活动所带来的快乐。作为教师，你的职责是激发学生的最佳动机，使学生信服数学是有趣的，相信所讨论的问题值得花一番功夫。为了使学生产生最佳动机，解题教学要格外重视引入问题，尽量诙谐有趣。在做题之前，可以让学生猜猜该题的结果，或者部分结果，旨在激发兴趣，培养探索习惯。

3. 循序阶段原则

"一切人类知识以直观开始，由直观进至概念，而终于理念"，波利亚将学习过程分为三个阶段：

（1）探索阶段——行动和感知。

（2）阐明阶段——引用词语，提高到概念水平。

（3）吸收阶段——消化新知识，吸取到自己的知识系统中。

教学要尊重学习规律，要遵循循序阶段性，要把探索阶段置于数学语言表达（如概念形成）之前，而又要使新学知识最终融汇于学生的整体智慧之中。新知识的出现不能从天而降，应密切联系学生的现有知识、日常经验、好奇心等，给学生"探索阶段"；学了新知识之后，还要把新知识用于解决新问题或更简单地解决老问题，建立新旧知识的联系，通过新学知识的吸收，对原有知识的结构看得更清晰，进一步开阔眼界。波利亚说，遗憾的是，现在的中学教学里严重存在忽略探索阶段和吸收阶段而单纯断取概念水平阶段的现象。

以上三个原则实际上也是课程设置的原则，如教材内容的选取和引入、课题分析和顺序安排、语言叙述和习题配备等问题也都要以学和教的原则为依据。有效的教学，除了要遵循学与教的原则外，还必须讲究教学艺术。波利亚明确表示，教学是一门艺术。教学与舞台艺术有许多共同之处，有时，一些学生从你的教态上学到的东西可能比你要讲的东西还多一些，为此，你应该略做表演。教学与音乐创作也有共同点，数学教学不妨吸取音乐创作中预示、展开、重复、轮奏、变奏等手法。教学有时可能接近诗歌。波利亚说，如果你在课堂上情绪高涨，感到自己诗兴欲发，那么不必约束自己，偶尔想说几句似乎难登大雅的话，也不必顾虑重重。"为了表达真理，我们不能蔑视任何手段"，追求教学艺术亦应如此。

4. 波利亚论数学教师的思和行

波利亚把数学教师的素质和工作要点归结为以下十条。

（1）教师首要的金科玉律是：自己要对数学有浓厚的兴趣。如果教师厌烦数学，那学生也肯定会厌烦数学。因此，如果你对数学不感兴趣，你就不要去教它，因为你的课不可能受学生欢迎。

（2）熟悉自己的科目——数学科学。如果教师对所教的数学内容一知半解，那么即使有兴趣，有教学方法及其他手段，也难以把课教好，你不可能一清二楚地把数学教给学生。

（3）应该从自身学习的体验中以及对学生学习过程的观察中熟知学习过程，懂得学习原则，明确认识到：学习任何东西的最佳途径是亲自独立地去发现其中的奥秘。

（4）努力观察学生的面部表情。觉察他们的期望和困难，设身处地把自己当作学生。教学要想在学生的学习过程中收到理想的效果，就必须建立在学生的知识背景、思想观点以及兴趣爱好等基础之上。

波利亚说，以上四条是搞好数学教学的精髓。

（5）不仅要传授知识，还要教技能技巧，培养思维方式以及得法的工作习惯。

（6）让学生学会猜想问题。

（7）让学生学会证明问题。严谨的证明是数学的标志，也是数学对一般文化修养的贡献中最精华的部分。倘若中学毕业生从未有过数学证明的印象，那他便少了一种基本的思维经验。但要注意，强调论证推理教学，也要强调直觉、猜想的教学，这是获得数学真理的手段，而论证则是为了消除怀疑。于是，教证明题要根据学生的年龄特征来处理，一开始给中学生教数学证明时，应该多着重于直觉洞察，少强调演绎推理。

（8）从手头中的题目中寻找出一些可能用于解如今题目的特征——揭示出存在于当前具体情况下的一般模式。

（9）不要把你的全部秘诀一股脑儿地倒给学生，要让他们先猜测一番，然后你再讲给他们听，让他们独立地找出尽可能多的东西。要记住，"使人厌烦的艺术是把一切细节讲得详而又尽"——伏尔泰。

（10）启发问题，不要填鸭式地硬塞给学生。

二、波利亚解题理论下的解题思维教学

作为一名数学家，波利亚在众多的数学分支领域都颇有建树，并留下了以他的名字命名的术语和定理；作为一名数学教育家，波利亚有丰富的数学教育思想和精湛的教学艺术；作为一名数学方法论大师，波利亚开辟了数学启发法研究的新领域，为数学方法论研究的现代复兴奠定了必要的理论基础。他的名著《怎样解题》中提到的解题过程，用来规范学生的数学解题思维很有成效。

（一）弄清问题

一个问题摆在面前，它的未知数是什么，已知数又是什么？条件是什么，结论又是什么？给出的条件是否能直接确定未知数？若直接条件不够充分，那隐性的条件有哪些？所给的条件会不会是多余的？或者是矛盾的呢？弄清这些情况后，往往还要画画草图、引入适当的符号加以分析。

有的学生没能把问题的内涵理解透，凭印象解答，贸然下手，结果可想而知。

好几个学生对结果有四种可能惊诧不已，其实，若能按照乔治·波利亚《怎样解题》中说画画草图进而弄清问题，就能很快找出四种可能的答案。这不禁让笔者想起我国著名数学家华罗庚教授描写"数形结合"的一首诗：数形本是相倚依，焉能分做两边飞。数缺形时少直觉，形缺数时难入微。数形结合百般好，割裂分家万事休。几何代数统一体，永远联系莫分离。

（二）拟订计划

大多问题往往不能一下子就迎刃而解，这时你就要找间接的联系，不得不考虑辅助条件，如添加必要的辅助线，找出已知量和未知量之间的关系，此时你应该拟订个求解的计划。有的学生认为，解数学题要拟订什么计划，会做就会做，不会做就不会做。其实不然，对于解题，第一步问题弄清后，在着手解决前，你会考虑很多，脑袋瓜会闪出很多问题，比如，以前见过它吗，是否遇到过相同的或形式稍有不同的此类问题，我该用什么方法来解答为好呢，哪些定理公式我可以用呢等等诸如此类的问题。

在自问自答的过程中，就是自我拟订计划的过程，若学生经常这样思考，并加以归纳，对于数学问题往往就能较快地找到解决该问题的最佳途径。

例如，在平面解析几何中讲对称时，笔者常举以下几个例子加以练习：

第一小题是点与点之间对称的问题；第二小题和第三小题是个相互的问题，一题是直线关于点对称最终求直线的问题，另一题是点关于直线对称最终求点的问题；第四小题是直线关于直线对称的问题，这个问题要考虑两直线是平行还是相交的情况。

通过以上四小题的分析归纳，学生再碰到此类对称的问题就能得心应手了，能在最快的时间内拟出解决方案，即拟订好计划，少走弯路。另外对点、直线和圆的位置关系的判断也可以进行同样的探讨，做到举一反三。

在拟订的计划中，有时不能马上解决所提出的问题，此时可以换个角度考量。譬如：

1. 能不能在加入辅助元素后重新叙述该问题，或能不能用另外一种方法来重新描述该问题。

2. 对于该问题，我能不能先解决一个与此有关的问题，或能不能先解决和该问题类似的问题，然后利用预先解决的问题去拟订解决该问题的计划。

3. 能不能进一步探讨，保持条件的一部分舍去其余部分，这样对于未知数的确定会有怎样的变化，或者能不能从已知数据中导出某些有用的东西，进而改变未知数或数据（或者二者都改变），这样能不能使未知量和新数据更加接近，进而解答问题。

4. 是否已经利用了所有的已知数据，是否考虑了包含在问题中的所有必要的概念，原先自己凭印象给出的定义是否准确。碰到问题一时无法解决，采用上述不同角度进行思考，应该很快就可以找到解决问题的方法了。

（三）实行计划

实施解题所拟订的计划，并认真检验每一个步骤和过程，必须证明或保证每一步的准确性。当出现谬论或前后相互矛盾的情况时，往往就是在实行计划时没能证明每一步都是按正确的方向来走的。例如，有这样的一个诡辩题，题目大意如下：龟和兔，大家都知道肯定是兔子跑得快，但如果让乌龟提前出发10米，这时乌龟和兔子一起开跑，那样的话兔子永远都追不上乌龟。从常识上看这结论肯定错误，但从逻辑上分析：当兔子赶上乌龟提前出发的这10米的时候，是需要一段时间的，假设是10秒，那在这10秒里，乌龟又往前跑了一小段距离，假设为1米，当兔子再追上这1米，乌龟又往前移动了一小段距离，如此这样下去，不管兔子跑得有多快，但只能无限接近乌龟而不能超过。这个问题问倒了很多人（当然包括学生），问题出在哪呢？问题就出在假设上，假设出现了问题，就是实行计划的第一步出现错误，你能说结论会正确吗？

这样的诡辩题在数学上有很多，有的一开始就是错的，如同上面的例子；有的在解题过程中出现错误；有的采用循环论证，用错误的结论当作定理去证明新的问题；还有的偷换概念。例如，学生之间经常讨论的一个例子：有3个人去投宿，一个晚上30元，三个人每人掏了10元凑够30元交给了老板，后来老板说今天优惠只要25元就够了，于是老板拿出5元让服务生退还给他们，而服务生偷偷藏起了2元，然后把剩下的3元钱分给了那三个人，每人分到1元。现在来算算，一开始每人掏了10元，现在又退回1元，也就是10-1=9，每人只花了9元钱，3个人每人9元，3×9=27元+服务生藏起的2元=29元，还有一元钱哪去了？这问题就是偷换概念，不同类的钱数目硬性加在一起。所以，在实行计划中，检验是非常关键的。

（四）回顾

最后一步是回顾，就是最终的检测和反思了。将结果进行检测，判断是否正确；这道题还有没有其他的解法；现在能不能较快看出问题的实质所在；能不能把这个结论或方法当作工具用于其他问题的解答，等等。

在乔治·波利亚解题法第一步弄清问题中，所举的那个例题，结论要是考虑不周全，不进行认真检验，就会漏了方程x=2这个解，那样的话，从完整度来说就前功尽弃了。

一题多解，举一反三，这在数学解题中经常出现。

通过解答问题的过程以及最终结论检验，今后再遇到同样或类似问题时，能不能直接找到问题的实质所在或答案，这就要看你的"数感"（对数学的感知感觉）如何了。例如，空间四边形四边中点依次连接构成平行四边形，有了这感觉，回忆起以前学的正方形、长方形、菱形、梯形或任意四边形的四边中点依次连接所成的图形，就不难得出答案了。

数学是一门工具学，某个问题解决了，要是所获得的经验或结论可以作为其他问题解决的奠基石，那么解决这个数学问题的目的就达到了。古人在经过长期的生产生活后，给我们留下了不少经验和方法，体现在数学上的就是定理或公式了，为我们的继续研究创造了不少先决条件，不管在时间上还是空间上，都是如此。我们要让学生认识到，教科书中的知识包含了多少前辈人的心血，要好好珍惜。

三、波利亚数学解题思想对我国数学教育改革的启示

（一）更新教育观念，使学生由"学会"向"会学"转变

目前我国大力提倡素质教育，但应试教育体制的影响不是一天两日就能完全去除的。几乎所有的学生都把数学看成是必须得到多少分的课程。这种体制造成的片面追求升学率和数学竞赛日益升温的畸形教育，让教学一味地热衷于对数学事实的生硬灌输和题型套路的分类总结，而不管数学知识的获取过程和数学结论后面丰富多彩的事实。学生被动消极地接受知识，非但不能融会贯通，把知识内化为自己的认知结构，反而助长了对数学事实的死记硬背和对解题技巧的机械模仿。

结合波利亚的数学思想及我国当前的教育形势，我国的数学教育应转变观念，使学生不仅"学会"，更要"会学"。数学教学既是认识过程，又是发展过程，这就要求教师在传授知识的同时，应把培养能力、启发思维置于更加突出的地位。教师应引导学生在某种程度上参与提出有价值的启发性问题，唤起学生积极探索的动力和热情，开展"相应的自然而然的思维活动"。通过具体特殊的情形归纳或相似关联因素的类比、联想，孕育出解决问题的合理猜想，进而对猜想进行检验、反驳、修正、重构。这样学生才能主动建构数学认知结构，并培养对数学真理发现过程的不懈追求和创新精神，强化学习主体意识，促进数学学习的高效展开。

（二）革新数学课程体系，展现数学思维过程

传统的数学课程体系，历来以追求逻辑的严谨性、理论的系统性而著称，教材内容一般沿着知识的纵方向展开，采用"定义－定理－法则－推论－证明－应用"的纯形式模式，突出高度完善的知识体系，而对知识发明（发现）的过程则采取蕴含披露的"浓缩"方式，或几乎全部略去，缺乏必要的提炼、总结和展现。

根据波利亚的思想，我国的数学课程体系应力图避免刻意追求严格的演绎风格，克服偏重逻辑思维的弊端，淡化形式，注重实质。数学课程目标不仅在于传授知识，更在于培养数学能力，特别是创造性数学思维能力。课程内容的选取，以具有丰富渊源背景和现实生动情境的问题为主导，参照数学知识逐步进化的演变过程，用非形式化展示高度形式化的数学概念、法则和原理。突破以科学为中心的课程和以知识传授

为中心的教学观，将有利于思维方式与思维习惯的培养，并在某种程度上可以避免教师的生硬灌输和学生的死记硬背，教与学不再是毫无意义的符号的机械操作。课程体系准备深刻、鲜明生动地展开思维过程，使学生不仅知其然而且知其所以然，也是现代数学教育思想的一个基本特点。

波利亚的数学解题思想博大精深，源于实践又指导着实践，对我国的数学教育实践及改革发展具有重要的指导意义。我们从中得到这样的启示：数学教育应着眼于探究创造，强调获取知识的过程及方法，寻求学习过程、科学探索和问题解决的一致性。它的根本意义在于培养学生的数学文化素养，即培养学生的思维习惯，使他们学会发现的技巧，领会数学的精神实质和基本结构，并提供应用于其他学科的推理方法，体现一种"变化导向的教育观"。

第四节　构建主义的数学教育理论

"在教育心理学中正在发生着一场革命，人们对它叫法不一，但更多地把它称为建构主义的学习理论。"20世纪90年代以来，建构主义学习理论在西方逐渐流行。建构主义是行为主义发展到认知主义以后的进一步发展，被誉为当代心理学中的一场革命。

一、建构主义理论概述

（一）建构主义理论

建构主义理论是在皮亚杰的"发生认识论"、维果茨基的"文化历史发展理论"和布鲁纳的"认知结构理论"的基础上逐渐发展形成的一种新的理论。皮亚杰认为，知识是个体与环境交互作用并逐渐建构的结果。在研究儿童认知结构发展中，他还提到了几个重要的概念：同化、顺应和平衡。同化是指当个体受到外部环境刺激时，用原来的图式去同化新环境所提供的信息，以求达到暂时的平衡状态；若原有的图式不能同化新知识时，将通过主动修改或重新构建新的图式来适应环境并达到新的平衡的过程即顺应。个体的认知总是在"原来的平衡—打破平衡—新的平衡"的过程中不断地向较高的状态发展和升级。在皮亚杰理论的基础上，各专家和学者从不同角度对建构主义进行了进一步的阐述和研究。科恩伯格对认知结构的性质和认知结构的发展条件做了进一步的研究；斯滕伯格和卡茨等人强调个体主动性的关键作用，并对如何发挥个体主动性在建构认知结构过程中的关键作用进行了探索；维果茨基从文化历史心理学的角度研究了人的高级心理机能与"活动"、"社会交往"之间的密切关系，并最早提出了"最近发展区"理论。所有的研究都使建构主义理论得到了进一步的发展和完善，为应用于实际教学中提供了理论基础。

（二）建构主义理论下的数学教学模式

建构主义理论认为，学习是学习者用已有的经验和知识结构对新的知识进行加工、筛选、整理和重组，并实现学生对所获得知识意义的主动建构，突出学习者的主体地位。所谓以学生为主体，并不是让其放任自流，教师要做好引导者、组织者，也就是说，我们在承认学生主体地位的同时也要发挥好教师的作用。因此，以建构主义为理论基础的教学应注意：首先，发挥学生的主观能动性，把问题还给学生，引导他们独立地思考和发现，并能在与同伴相互合作和讨论中获得新知识。其次，学习者对新知识的建构要以原有的知识经验为基础。最后，教师要扮演好学生忠实支持者和引路人的角色。教师一方面要重视情境在学生建构知识中的作用，将书本中枯燥的知识放在真实的环境中，让学生去体验活生生的例子，从而帮助学生自我创造达到意义建构的目的；另一方面留给学生足够的时间和空间，让尽量多的学生参与讨论并发表自己的见解，学生遇到挫折时，教师要积极鼓励，他们取得进步时，要给予肯定并指明新的努力方向。

数学教学采用的"建构主义"教学模式是指以学生自主学习为核心，以数学教材为学生意义建构的对象，由数学教师担任组织者和辅助者，以课堂为载体，让学生在原有数学知识结构的基础上将新知识与之融合，从而引导学生发现新的知识；同时，也帮助和促进学生数学素养、数学能力的提高。教学的最终目的是让学生实现对知识的主动获取和对已获取知识的意义建构。

二、建构主义学习理论的教育意义

（一）学习的实质是学习者的主动建构

建构主义学习理论认为，学习不是老师向学生传递知识信息、学习者被动地吸收的过程，而是学习者自己主动地建构知识的意义的过程。这一过程是不可能由他人所代替的。每个学习者都是在其现有的知识经验和信念的基础上，对新的信息主动地进行选择加工，从而建构起自己的理解，而原有的知识经验系统又会因新信息的进入发生调整和改变。这种学习的建构，一方面是对新信息的意义的建构，同时又是对原有经验的改造和重组。

（二）建构主义的知识观和学生观要求教学必须充分尊重学生的学习主体地位

建构主义认为，知识并不是对现实的准确表征，它只是对现实的一种解释或假设，并不是问题的最终答案。知识不可能以实体的形式存在于个体之外，尽管我们通过语言符号赋予了知识一定的外在形式，甚至这些命题还得到了较普遍的认可，但这些语言符号充其量只是载着一定知识的物质媒体，他并不是知识本身。学生若想获得这些言语符号所包含的真实意义，必须借助自己已有的知识经验将其还原，即按照自己已有的理解重新进行意义建构。所以教学应该把学生从原有的知识经验中"生长"出新的知识经验。

（三）课本知识不是唯一的正确答案，学生学习是自我理解基础上的检验和调整过程

建构主义学习理论认为，课本知识仅是一种关于各种现象的比较可靠的假设，只是对现实的一种可能更正确的解释，而绝不是唯一正确的答案。这些知识在进入个体的经验系统被接受之前是毫无意义可言的，只有通过学习者在新旧知识经验间反复双向相互作用后，才能建构起它的意义。所以，学生学习这些知识时，不是像镜子那样去"反映"呈现，而是在理解的基础上对这些假设做出自己的检验和调整。

课堂中学生的头脑不是一块白板，他们对知识的学习往往是以自己的经验信息为背景来分析其合理性，而不是简单地套用。因此，关于知识的学习不宜强迫学生被动地接受知识，不能满足教条式的机械模仿与记忆，不能把知识作为预先确定了的东西让学生无条件地接纳，而应关注学生是如何在原有的经验基础上、经过新旧经验相互作用而建构知识含义的。

（四）学习需要走向"思维的具体"

建构主义学习理论批判了传统课堂学习中"去情境化"的做法，转而强调情境性学习与情境性认知。他们认为学校常常在人工环境而非自然情境中教学生那些从实际中抽象出来的一般性的知识和技能，而这些东西常常会被遗忘或只能保留在学习者头脑内部，一旦走出课堂到实际需要时便很难回忆起来，这些把知识与行为分开的做法是错误的。知识总是要适应它所应用的环境、目的和任务的，因此为了使学生更好地学习、保持和使用其所学的知识，就必须让他们在自然环境中学习或在情境中进行活动性学习，促进知和行的结合。

情境性学习要求给学生的任务要具有挑战性、真实性，任务稍微超出学生的能力，有一定的复杂性和难度，让学生面对一个要求认知复杂性的情境，使之与学生的能力形成一种不相匹配的状态，即认知冲突。学生在课堂中不应是学习老师提前准备好的

知识，而是在解决问题的探索过程中，从具体走向思维，并能够达到更高的知识水平，即由思维走向具体。

（五）有效的学习需要在合作中、在一定支架的支持下展开

建构学习理论认为，学生以自己的方式来建构事物的意义，不同的人理解事物的角度是不同的，这种不存在统一标准的客观差异性本身就构成了丰富的资源。通过与他人讨论、互助等形式的合作学习，学生可以超越自己的认识，更加全面深刻地理解事物，看到那些与自己不同的理解，检验与自己相左的观念，学到新东西，改造自己的认知结构，对知识进行重新建构。学生在交互合作学习中不断地对自己的思考过程进行再认识，对各种观念加以组织和重组，这种学习方式不仅会逐渐提高学生的建构能力，而且有利于今后的学习和发展。

为学生的学习和发展提供必要的信息和支持，建构主义者称这种提供给学生、帮助他们从现有能力提高一步的支持形式为"支架"，它可以减少或避免学生在认知中不知所措或走弯路。

（六）建构主义的学习观要求课程教学改革

建构主义者认为，教学过程不是教师向学生原样不变地传递知识的过程，而是学生在教师的帮助指导下自己建构知识的过程。所谓建构是指学生通过新、旧知识经验之间的、双向的相互作用，来形成和调整自己的知识结构。这种建构只能由学生本人完成，这就意味着学生是被动的刺激接受者。因此在课程教学中，教师要尊重和培养学生的主体意识，创设有利于学生自主学习的课堂情境和模式。

（七）课程改革取得成效的关键在于按照建构主义的教学观创设新的课堂教学模式

建构主义的学习环境包含情境、合作、交流和意义建构四大要素。与建构主义学习理论以及建构主义学习环境相适应的教学模式可以概括为：以学习为中心，教师在整个教学过程中起组织者、指导者、帮助者和促进者的作用，利用情境、合作、交流等学习环境要素充分发挥学生的主动性、积极性和首创精神，最终达到学生有效地实现对当前所学知识的意义建构的目的。在建构主义教学模式下，目前比较成熟的教学方法有情景性教学、随机通达教学两种。

（八）基础教育课程改革的现实需要以建构主义的思想培养和培训教师

新课程改革不仅改革课程内容，也对教学理念和教学方法进行了改革，探究学习、建构学习成为课程改革的主要理念和教学方法之一，期许教师能够胜任指导和促进学生的探究和建构的任务，教师自身就要接受探究学习和建构学习的训练，使教师建立

探究和建构的理念，掌握探究和建构的方法，唯此才能在教学实践中自主地指导和运用建构教学，激发学生的学习兴趣，培养学生探究的习惯和能力。

第五节　我国的"双基"数学教学

在大学数学教学过程中，面对的学生基础严重不牢固，针对大学数学难度较大的特点，学生表现为学习困难，接受效果难尽如人意。在这种情况下，在大学数学教学工作中，只有坚持以"双基"教学理论为指导，才能保证大学数学的教育教学质量。

一、我国"双基教学理论"综述

1963年我国颁布了中国特色的大纲，概括为："双基+三大能力"，双基即基础知识、基本技能；三大能力包括基本的运算能力、空间想象能力和逻辑思维能力。1996年我国的高中数学大纲又把"逻辑思维能力"改为"思维能力"，原因是逻辑思维是数学思维的基础部分，但不是核心部分。由于在"双基"教学理论的指导下，使我国学生的数学基础以扎实著称。进入20世纪，在"三大能力"的基础上，又提出培养学生提出问题、解决问题的能力。在中学阶段的数学教学中，提出培养学生数学意识、培养学生的数学实践能力和运用所学的数学知识解决实际问题的能力。随着"双基"教学理论的提出和实践，对数学教育工作者提出了新的挑战。为此，研究和运用双基教学理论对于实现数学教学的目标具有重要的意义，特别是在基础教育教学改革日益深入的今天，做好高等学校的数学教学与中学数学教学的衔接，具有重要的意义。本节以大学数学教学为例，对实践双基教学理论提出自己的经验和措施。

（一）双基教学理论的演进

"双基"教学起源于20世纪50年代，在60—80年代得到大力发展，80年代之后，不断丰富完善。探讨双基教学的历程，从根本上讲，应考察教学大纲，因为中国教学历来是以纲为本，双基内容被大纲所确定，双基教学可以说来源于大纲导向。大纲中对知识和技能要求的演进历程也是双基教学理论的形成轨迹，双基教学来源于教学大纲，随着教学大纲对双基要求的不断提高而得到加强。所以，我们只要对教学大纲做一历史性回顾，就不难找到双基教学的演进历程，此处不再展开。

（二）双基教学的文化透视

双基教学的产生是有着浓厚的传统文化背景的，关于基础重要性的传统观念、传统的教育思想和考试文化对双基教学都有着重要影响。

1. 关于"基础"的传统信念

中国是一个相信基础重要性的国家，基础的重要性多被作为一种常识为大家所熟悉，在沙滩上建不起来高楼，空中无法建楼阁，要建成大厦，没有好的基础是不行的。从事任何工作，都必须有基础。没有好的基础不可能有创新。"现代社会没有或者几乎没有一个文盲做出过创新成果"常被视为"创新需要知识基础"的一个极端例子。这样的信念支配着人们的行动，于是，大家认为，中小学教育作为基础教育，打好基础、储备好学习后继课程与参加生产劳动及实际工作所必备的、初步的、基本的知识和技能是第一位的，有了好的基础，创新、应用可以逐步发展。这样，注重基础也就成为自然的事情了。其实，学生是通过学习基础知识、基本技能这个过程达到一个更高境界的，不可能越过基础知识、基本技能类的东西而学习其他知识技能来达到创新能力或其他能力的培养。所以，通往教育深层的必由之路就是由基础知识、基本技能铺设的，双基内容应该是作为社会人生存、发展的必备基础。没有基础，就缺乏发展潜能，无论是中国功夫，还是中国书法，都是非常讲究基础的，正是这一信念为双基教学注入了理由和活力。

2. 文化教育传统

中国双基教学理论的产生和发展与中国古代教育思想分不开。首屈一指的应是孔子的教育思想。孔子通过长期的教学实践，提出了"不愤不启，不悱不发"的教学原则。"愤"就是积极思考问题，还处在思而未懂的状态；"悱"就是极力想表达而又表达不清楚。就是说，在学生积极思考问题而尚未弄懂的时候，教师才应当引导学生思考和表达。又言"举一隅，不以三隅反，则不复也"，即要求学生能做到举一反三，触类旁通。这种思想和方法被概括为"启发教学"思想。如何进行启发教学，《学记》给出过精确的阐述："君子之教，喻也。道而弗牵，强而弗抑，开而弗达，道而弗牵则和，强而弗抑则易，开而弗达则思，和易以思，可谓善喻也。"意思是说要引导学生而不要牵着学生走，要鼓励学生而不要压抑他们，要指导学生学习门径，而不是代替学生做出结论。道而弗牵，师生关系才能融洽、亲切；强而弗抑，学生学习才会感到容易；开而弗达，学生才会真正开动脑筋思考，做到这些就可以说得上是善于引导了。启发教学思想的精髓就是发挥教师的主导作用、引导作用，教师向来被看作"传道、授业、解惑"的"师者"，处于主导地位。这种教学思想注定了双基教学中教师的主导地位和启发性特征。

关于学习，孔子有一句名言："学而不思则罔，思而不学则殆。"意思是说光学习而不进行思考什么都学不到，只思考而不学习则是危险的，主张学思相济，不可偏废。学习必须以思考来求理解，思考必须以学习为基础。这种学思结合思想用现在的观点看，就是创新源于思，缺乏思，就不会有创新，而只思不学是行不通的，表明学是创新的基础，思是创新的前提。故而，应重视知识的学习和反思。朱熹也提出："读书无疑者，须教有疑，有疑者却要无疑，到这里方是长进。"这种学习理念对教学的启示是，要鼓励学生质疑，因为疑是学生动了脑筋的结果，"思"的表现，通过问，解决疑，才可以使学问长进。课堂上教师要多设疑问，故布疑阵，设置情境，不断用问题、疑问刺激学生，驱动学生的思维。这种学习思想为双基教学注入了问题驱动性特征。双基教学理论可以说是中国古代教育思想的引申、发展。

3.考试文化对双基教学具有促进影响

中国有着悠久的考试文化，自公元597年隋文帝实行"科举考试"制度，至今已延续近一千五百年。学而优则仕，学习的目的是为了通过考试达到自身发展（如做官）的目标。到了现代，考试一样也是通往美好前程的阶梯。而考试内容绝大部分只能是基础性的试题，因为双基是有形的，容易考查，创新性、灵活性、应用能力的考查比较困难，尤其是在限定的时间内进行的考查。另外，教学大纲强调双基，考试以大纲为准绳，教学自然侧重于双基教学，考试重点考双基，那么各种教学改革只能是以双基为中心，围绕双基开展，最终使双基更加扎实，使双基更加突出。这种考试要求与教学要求的相互影响，使得双基教学得到加强。总之，双基教学理论既是中国古代教育思想的发扬，又深受中国传统考试文化的影响。新课改中，如何更新双基，如何继承和发扬双基教学传统，是一个需要认真思考的重要课题。

二、双基教学模式的特征分析

（一）双基教学模式的外部表征

双基教学理论作为一种教育思想或教学理论，可以看作是以"基础知识和基本技能"教学为本的教学理论体系，其核心思想是重视基础知识和基本技能的教学。它首先倡导了一种所谓的双基教学模式，我们先从双基教学模式外显的一些特征进行描述刻画。

1.双基教学模式课堂教学结构

双基教学在课堂教学形式上有着较为固定的结构，课堂进程基本呈"知识、技能讲授—知识、技能的应用示例—练习和训练"序状，即在教学进程中先让学生明白知识技能是什么，再了解怎样应用这个知识技能，最后通过亲身实践练习掌握这个知识技能及其应用。典型教学过程包括五个基本环节"复习旧知—导入新课—讲解分析—样例练习—小结作业"，每个环节都有自己的目的和基本要求。

复习旧知的主要目的是为学生理解新知、逾越分析和证明新知障碍做知识铺垫，避免学生思维走弯路。在导入新课环节，教师往往是通过适当的铺垫或创设适当的教学情境引出新知，通过启发式的讲解分析，引导学生尽快理解新知内容，让学生从心理上认可、接受新知的合理性，即及时帮助学生弄清是什么、弄懂为什么；进而以例题形式讲解、说明其应用，让学生了解新知的应用，明白如何用新知；然后让学生自己练习、尝试解决问题，通过练习，进一步巩固新知，增进理解，熟悉新知及其应用技能，初步形成运用新知分析问题、解决问题的能力；最后小结一堂课的核心内容，布置作业，通过课外作业，进一步熟练技能，形成能力。所以，双基教学有着较为固定的形式和进程，教学的每个环节安排紧凑，教师在其中既起着非常重要的主导作用、示范作用和管理作用，同时也起着为学生的思维架桥铺路的作用，由此也产生了颇具中国特色的教学铺垫理论。

2. 双基教学模式中的课堂教学控制

双基教学模式是一种教师有效控制课堂的高效教学模式。双基教学重视基础知识的记忆理解、基本技能的熟练掌握运用，具体到每一堂课，教学任务和目标都是明确具体的，包括教师应该完成什么样的知识技能的讲授，达到什么样的教学目的，学生应该得到哪些基本训练（做哪些题目），实现哪些基本目标，达到怎样的程度（如练习正确率），等等。教师为实现这些目标有效组织教学、控制课堂进程。正是有明确的任务和目标以及必须实现这些任务和目标的驱动，教师责无旁贷地成为课堂上的主导者、管理者，导演着课堂上几乎所有的活动，使得各种活动都呈有序状态，课堂时间得到有效利用。课堂活动组织得严谨、周密、有节奏、有强度。整堂课的进程，有高度的计划性，什么时候讲，什么时候练，什么时候演示，什么时候板书，板书写在什么位置，都安排得非常妥当，能有效地利用上课的每一分钟。整堂课进行得井井有条，教师随时注意学生遵守课堂纪律的情况，防止和克服不良现象的发生，随时注意进行教学组织工作，而且进行得很机智，课堂秩序一般表现良好。

严谨的教学组织形式，不仅高效，而且避免了学生无政府主义现象的发生。双基教学注重教师的有效讲授和学生的及时训练、多重练习，教师讲课，要求语言清楚、通俗、生动、富于感情，表述严谨，言简意赅。在整堂课的讲授过程中，教师充分发挥主导作用，不断提问和启发，学生思维被激发调动，始终处于积极的活跃状态。在训练方面，以解题思维方法为首要训练目标，一题多解、一法多用、变式练习是经常使用的训练形式，从而形成了中国教学的"变式"理论，包括概念性变式和过程性变式。

双基教学模式下，教师具有的知识特征通过一些比较研究可以看到：我国教师能够多角度地理解知识，如中国学者马力平的中美数学教育比较研究表明，在学科知识的"深刻理解"上，中国教师有明显的优势。

3. 双基教学的目标

双基教学重视基础知识、基本技能的传授，讲究精讲多练，主张"练中学"，相信"熟能生巧"，追求基础知识的记忆和掌握、基本技能的操演和熟练，以使学生获得扎实的基础知识、熟练的基本技能和较高的学科能力为其主要的教学目标。对基础知识讲解得细致，对基本技能训练得入微，使学生一开始就能够对所学习的知识和技能获得一个从"是什么、为什么、有何用到如何用"的较为系统的、全面的和深刻的认识。在注重基础知识和基本技能教学的同时，双基教学从不放松和抵制对基本能力的培养和对个人品质的塑造；相反，能力培养一直是双基教学的核心部分，如数学教学始终认为运算能力、空间想象能力、逻辑思维能力是数学的三大基础能力。可以说，双基教学本身就含有基础能力的培养成分和带有指导性的个性发展的内涵。

4. 双基教学的课程观

在"双基教学"理论中，"基础"是一个关键词。某些知识或技能之所以被选进课程内容，并不是因为它们是一种尖端的东西，而是因为它们是基础的，所以双基教学思想注重课程内容的基础性。同时，双基教学也注重课程内容的逻辑严谨性，在课程教材的编制上，体现为重视教学内容结构以及逻辑系统的关系，要求教材体系符合学科的系统性（当然也要符合学生的心理发展特点），依据学科内容结构规律安排，做到先行知识的学习与后继知识的学习互相促进。双基教学的课程观也非常注重感性认识与理性认识的关系，教学内容安排要求由实际事例开始，由浅入深、由易到难、由表及里、循序渐进。

5. 双基教学理论体系的开放性

双基教学并不是一个封闭的体系，在其发展过程中，不断地吸收先进的教育教学思想来丰富和完善自身的理论。双基的内涵也是开放的，内容随时代的变化而变化。总之，从外部来看，双基教学理论是一种讲究教师有效控制课堂活动，既重讲授又重练习，既重基础又重能力，有明确的知识技能掌握和练习目标的开放的教学思想体系。

（二）双基教学的内隐特征

深入课堂教学内部，借助典型案例，分析中国教师的教学实践和经验总结，我们不难得到，中国双基教学至少包括下面五个基本特征：启发性、问题驱动性、示范性、层次性和巩固性。

1. 启发性

双基教学强调双基，同时强调传授双基的教学过程中贯彻启发式教学原则，反对注入式；主张启发式教学，反对"填鸭"或"灌输"式教学。各种教学活动以及教学活动的各个环节都要求富有启发性，不论是教师讲解、提问、演示、实验、小结、复习、解答疑难，也不论是进行概念、定理（公式）的教学，复习课、练习课的教学，教师都讲究循循善诱，采取各种不同方式启发学生思维，激发学生潜在的学习动力，使之主动地、积极地、充满热情地参与到教学活动中。在讲解过程中，教师会"质疑启发"，即通过不断设疑、提问、反诘、追问等方式激发学生思考问题，通过释疑解惑，开通思路，掌握知识。在演示或实验过程中，教师会进行"观察启发"，借助实物、模型、图示等，组织学生观察并思考问题、探求解答。在新结论引出之前，根据内容情况，教师有时采用"归纳启发"，通过实验、演算先得出特殊事例，再引导学生对特殊事例进行考察并获得启发，进而归纳、发现可能规律，最后获得新结论。有时会采用"对比启发"或"类比启发"，运用对比手法以旧启新，根据可类比的事例，启示学生对新知识做出大胆猜想。所以，贯彻启发式原则是双基教学的一个基本要求，也因此，双基教学具有启发性特征。

如有的教师为了讲清数学归纳法的数学原理，首先从复习不完全归纳法开始，指出它是人们用来认识客观事物的重要推理方法，并揭示它是一种可靠性较弱的方法，由此产生认知冲突，即当对象无限时，如何保证从特殊事例中归纳出一般结论的正确性。接着，用生活实例——摸球进行类比启发：如果袋中有无限多个球，如何验证里面是否均为白球？显然不能逐一摸出来验证，由于不可穷尽，所以，无法直接验证。但如果能有"当你这一次摸出的是白球，则下一次摸出的一定也是白球"这样的前提保证，则大可不必逐个去摸，而只要第一次摸出的是白球即可。至此，为什么数学归纳法只完成两步工作就可对一切自然数下结论的思想实质清澈可见？双基教学的启发性是教师创设的，是教师主导作用的充分体现，其关键是教师的引导和精心设计的启发性环境，启发的根本不在于让学生"答"，而在于让学生思考，或者简单地说在于让学生"想"。

所以，一堂课从表面上看，可能全是教师在讲解，学生在被动地听，可实际上，学生思维可能正在教师的步步启发下积极地活动着，进行着有意义的学习。事实上，双基教学中，教师的一切活动始终是围绕学生的思考或思维服务的，为学生积极思考提供、搭建脚手架，为学生建构新知识结构提供有效的、高效率的帮助。双基教学讲究在教师的启发下让学生自己发现，这是一种特殊的探索方式，双基教学的这种启发性内隐特征决定了双基教学并不是教师直接把现成的知识传授给学生，而是经常地引导学生去发现新知。问题驱动性双基教学强调教师的主导作用，整个教学过程经由教师精心设计，成为一环扣一环、由教师有效控制、逐步递进的有序整体，使得学生能轻松地一小步一小步的达到预定目标。在这个有序教学整体的开始，教师以提问方式驱动学生回顾复习旧知识，通过精心设计的问题情境，凸显"用原有的知识无法解决的新的矛盾或问题"，以此为契机，让学生体验到进一步探索新知的必要性，认识到将要研究和学习的新知是有意义和有价值的，继而将课题内容设计为一系列的矛盾或问题解决形式，并不断地以启发、提问和讲解的方式展开并递进解决。

事实上，双基教学模式中，教师设计一堂课，经常会考虑如何用设计好的情境来呈现新旧知识之间的矛盾或提出问题，引起认知冲突，使学生有兴趣进行这节课的学习，同时也会考虑如何引入概念，如何将复杂的问题分解为一个一个有递进关系的问题再逐步深入，如何应用以往的工具和新引进的概念解决这些问题，等等，以驱使学生聚精会神地动脑思考，或全神贯注地听老师讲解分析解决问题或矛盾的方法或思想。双基教学中，教师并不是简单地将大问题分拆成一个一个小问题机械地呈现给学生，而是经常性地将讲解的内容转变为问题式的提问或启发式问题,融合在教师的讲授中,这些提问或启发式问题具有强驱动性,促使学生思维不断地沿着教师的预设方向展开。教师这种不断地通过"显性"和"隐性"的问题驱动学生的思维活动(隐性的问题可以看作启发,显性的问题可以看作课堂提问),构成了中国双基教学的一大特色。

课堂上的显性提问,既能激发学生的思维,又能起到管理班级的作用,使学生的思想不易开小差。隐性启发式问题一方面使学生的思维具有明确方向,避免盲目性;另一方面为学生理解新知搭建了脚手架,使之顺着这些问题就能够达到理解的巅峰。双基教学在解题训练教学方面,讲究"变式"方法。通过变式训练,明晰概念,归纳解题方法、技巧、规律和思想,促进知识向能力转化。教师不断在"原式"基础上变换出新问题,让学生仿照或模仿或基于"原式"的解法进行解决,使学生参与到一种特殊的探究活动中。这种以变式问题形式驱动学生在课堂上的学习行为是中国双基教学的又一大特点。

双基教学课堂中大量的"师对生"的问题驱动(提问)整堂课使学生思维都处在一种高度积极的活动之中,思维高速运转,思维不断地被教师的各种问题驱动而推向主动思考的高潮,学生对课堂上教师显性知识的讲解能够听懂、弄明白,基本不存在疑问。学生也正是在有逻辑地一步步不停地思考老师的各种问题或听老师对各种问题的分析解释过程中,不自觉地建构着知识和对知识的理解,同时在对教师的观点、思想和方法做着评价、批判、反思。从这个意义上讲,问题驱动特征导致双基教学成为一种有意义学习,而不是机械学习、被动接受,从它的多启发性驱动问题的设置我们可以确信这一点。至于在过去的一个非常时期内,教师地位的不高导致教师的专业化水平低下,从而在个别地方个别教师中出现照本宣科、满堂灌或填鸭式教学的现象,显然不是双基教学思想的产物。可见,双基教学中教师惯常以问题、悬念引入,教学中教师充分发挥主导作用,不断地以问题驱动、激发学生思维,引起学生反思,使学生潜在而自然地建构知识和对知识的理解,并从中体验学科的价值、思想、观点和方法等。

2. 示范性

双基教学的另一个内隐特征是教师的示范性。表面上看,教师只是在讲解和做板书;而实际上,教学过程中教师不断地提供着样例,做着语言表达的示范、解题思维分析的示范、问题解决过程的示范、例题解法书写格式的示范以及科学思维方式的示范等。如以例题形态出现的知识的应用讲解,教师每一个例题的讲解都分析得清楚、细致,这无形中给学生做了一个如何分析问题的示范、知识如何应用的示范、这类问题如何解决的示范和解决这类问题的方法的使用示范。教师对例题的讲解分析是双基教学中最典型的、最重要的示范之一,教师做那么细致的分析,目的之一就是想为学生做个如何分析问题、解决问题的示范,因为分析是解题中的关键一环,学会分析问题、解决问题也是教学目标之一。其中，典型例题的教学是展示双基应用的主要载体，分析典型例题的解题过程是让学生学会解题的有效途径，一方面学生能够理解例题解法，另一方面能从中模仿学习如何分析问题，能够仿照例题解决类似的变式问题。所以，双基教学中教师不仅是知识的讲授者，同时也是关于知识的理解、思考、分析和运用的示范者。难怪人们认为双基教学就是记忆、模仿加练习。这里，教师确实提供了各种供学生模仿的示范行为。

然而，如果教师不做出示范，学生就难以在较短的时间内学会这些技能。所以，双基教学中，教师的示范性特征使得基础知识、基本技能的学习掌握变得容易。其实，教师的示范作用十分重要，如刚刚开始接触几何命题的推理证明时，书写表达的示范、思路分析的示范对学生学习几何都是非常有益的。教师的示范是体现在师生共同活动中的，不是教师做学生看的表演式示范。另外，在许多时候，教师显性提问让学生回答，学生在表达过程中可能出现许多不太准确的表述，教师在学生回答过程中给予正确的重复，或者在黑板上板书学生说的内容时随时给予更正、规范，这使得学生在回答问题的过程中出现的一些不准确的语言表达得到了修正，同时也为全班学生做了个示范，这对学生准确地使用学科语言进行交流是非常有意义的。

3. 层次性

双基教学内隐着一种层次递进性。在教学安排方面，一般是铺垫引入，由浅入深，快慢有度，步子适当，有层次上升。概念原理分析讲解方面，教师多以举例说明，以例引理，以例释理，让学生历经从低层次直观感受到高层次概括抽象。这些都体现了双基教学的层次性。双基教学中，练习占有很重的分量，体现为双基训练。同样，练习安排也具有层次性。在双基训练设计中，习题分层次给出，分阶段让学生训练，先是基本练习，再是变式训练，然后是综合练习，最后是专题练习。学生通过各种层次的练习，能有效地实现知识的内化，理解各种知识状态，熟悉各种应用情境。

4. 巩固性

双基教学的另一个内隐特征是知识经常得到系统回顾，注重教学的各个关口的复习巩固。理论上讲，知识的理解、掌握和应用并不是一回事，理解、领会了某种知识可能掌握或记不住这一知识，也可能不会运用这一知识，能不能掌握、记住记不住、会不会用与知识的学习理解过程不是一脉相承的，知识的掌握、应用是另一个环节。双基教学的一个优势就是融知识的学习理解与知识的记忆、掌握、应用于一体，新知识学习之后紧接着就是知识的应用举例，再接着是知识的应用练习巩固，从而达到这样一种效果：在应用举例中初步体会知识的应用、增强对知识的理解，在练习训练中进一步理解知识、应用知识、熟练知识、掌握知识、巩固知识，直至熟练地运用知识。双基教学中，每堂课第一个环节一般都是复习，组织学生对已学的旧知识做必要的复习回顾，通常包括两类内容：

（1）对前次课所学知识的温故，其目的在于通过这些知识再现于学生，使之得到进一步巩固；

（2）作为新知识论据的旧知识，不是前次课所学知识，而是学生早先所学现在可能遗忘的，这种复习的目的在于为新知识的教学做好充分的准备。

作为复习形式，以提问或爬黑板形式居多。最后一个教学环节是小结，每当新知识学习后教师都要进行小结巩固，即时复习，形式多样，包括对刚学习的新概念、新原理、新定律或公式内容的复述，新知识在解题中的用途和用法以及解决问题的经验概括。这两个教学环节分别对旧知和新知起到巩固作用。教师通常采用复习课形式进行阶段性复习巩固，这种复习课的突出特点是："大容量、高密度、快节奏。"一个阶段所学习的知识技能被梳理得脉络清楚、有条理，促使知识进一步结构化；大量的典型例题讲解，使知识的应用能力得到大大加强，问题类型一目了然，知识的应用范围一清二楚，知识如何应用得到进一步明晰。复习之后就是阶段性测验或考试，这又为进一步巩固提供了机会。至此，我们可以给双基教学一个界定：双基教学是注重基础知识、基本技能教学和基本能力培养的，以教师为主导、以学生为主体的，以学法为基础，注重教法，具有启发性、问题驱动性、示范性、层次性、巩固性特征的一种教学模式。

三、新课程理念下的"双基"教学

"双基"是指"基础知识"和"基本技能"。中国数学教育历来有重视"双基"的传统，同时社会发展、数学的发展和教育的发展，要求我们要与时俱进地审视"双基"和"双基"教学。我们可以从新课程中新增的"双基"内容，以及对原有内容的变化（这种变化包括要求和处理两个方面）和发展上，去思考这种变化，去探索新课程理念下的"双基"教学。

（一）如何把握新增内容的教学

这是教师在新课程实施中遇到的一个挑战。为此，我们首先要认识和理解为什么要增加这些新的内容，在此基础上，把握好"标准"对这些内容的定位，积极探索和研究如何设计和组织教学。

随着科学技术的发展，现代社会的信息化要求日益加强，人们常常需要收集大量的数据，根据新获得的数据提取有价值的信息，做出合理的决策。统计是研究如何合理地收集、整理和分析数据的学科，为人们制定决策提供依据。随机现象在日常生活中随处可见；概率是研究随机现象规律的学科，它为人们认识客观世界提供了重要的思维模式和解决问题的方法，同时为统计学的发展提供了理论基础。因此，可以说在高中数学课程中统计与概率作为必修内容是社会的必然趋势与生活的要求。例如，在高二"排列与组合"和"概率"中，有一个重要内容"独立重复试验"，作为这部分内容的自然扩展，本章中安排了二项分布，并介绍了服从二项分布的随机变量的期望与方差，使随机变量这部分内容比较充实一些。本章第二部分"统计"与初中"统计初步"的关系十分紧密，可以认为，这部分内容是初中"统计初步"十分自然的扩展与深化，但由于学生在学习初中的"统计初步"后直到学习本章之前，基本上没有复习"统计初步"的内容，对这些内容的遗忘程度会相当高，因此，本章在编写时非常注意联系初中"统计初步"的内容来展开新课。再如，在讲抽样方法时开始重温：在初中已经知道，通常我们不是直接研究一个总体，而是从总体中抽取一个样本，根据样本的情况去估计总体的相应情况，由此说明样本的抽取是否得当对研究总体来说十分关键，这样就会使学生认识到学习抽样方法十分重要。又如在讲"总体分布的估计"时，注意复习初中"统计初步"学习过的有关频率分布表和频率分布直方图的有关知识，帮助学生学习相关的内容。另外，在学习统计与概率的过程中，将会涉及抽象概括、运算求解、推理论证等能力，因此，统计与概率的学习过程是学生综合运用所学的知识、发展解决问题能力的有效过程。

由于推理与证明是数学的基本思维过程，是做数学的基本功，是发展理性思维的重要方面；数学与其他学科的区别除了研究对象不同之外，最突出的就是数学内部规律的正确性必须用逻辑推理的方式来证明，而在证明或学习数学的过程中，又经常要用合情推理去猜测和发现结论、探索和提供思路。因此，无论是学习数学、做数学，还是对学生理性思维的培养，都需要加强这方面的学习和训练。因此，增加了"推理与证明"的基础知识。在教学中，可以变隐性为显性、分散为集中，结合以前所学的内容，通过挖掘、提炼、明确化等方式，使学生感受和体验如何学会数学思考方式，体会推理和证明在数学学习和日常生活中的意义和作用，提高数学素养。例如，可通过探求凸多面体的面、顶点、棱之间的数量关系，通过平面内的圆与空间中的球在几何元素和性质上的类比，体会归纳和类比这两种主要的合情推理在猜测和发现结论、探索和提供思路方面的作用。通过收集法律、医疗、生活中的素材，体会合情推理在日常生活中的意义和作用。

（二）教学中应使学生对基本概念和基本思想有更深的理解和更好的掌握

在数学教学和数学学习中，强调对数学的认识和理解，无论是基础知识、基本技能的教学、数学的推理与论证，还是数学的应用，都要帮助学生更好地认识数学、认识数学的思想和本质。那么，在教学中应如何处理才能达到这一目标呢？

首先，教师必须要很好地把握诸如函数、向量、统计、空间观念、运算、数形结合、随机观念等一些核心的概念和基本思想；其次，要通过整个高中数学教学中的螺旋上升、多次接触，通过知识间的相互联系，通过问题的解决方式，使学生不断加深认识和理解。比如，对于函数概念有真正的认识和理解，是不容易的，要经历一个多次接触的较长的过程，要通过提出恰当的问题、创设恰当的情境，使学生产生进一步学习函数概念的积极情感，帮助学生从需要认识函数的构成要素，需要用近现代数学的基本语言——集合的语言来刻画出函数概念，需要提升对函数概念的符号化、形式化的表示三个主要方面来帮助学生进一步认识和理解函数概念；随后，通过基本初步函数——指数函数、对数函数、三角函数的学习，进一步感悟函数概念的本质，以及为什么函数是高中数学的一个核心概念；再在"导数及其应用"的学习中，通过对函数性质的研究，再次提升对函数概念的认识和理解等等。这里，我们要结合具体实例（如分段函数的实例，只能用图像来表示等），结合作为函数模型的应用实例，强调对函数概念本质的认识和理解，并一定要把握好对诸如求定义域、值域的训练，不能做过多、过繁、过于人为的一些技巧训练。

（三）加强对学生基本技能的训练

熟练掌握一些基本技能，对学好数学是非常重要的。例如，在学习概念中要求学生能举出正、反面例子的训练；在学习公式、法则中既要有对公式、法则掌握的训练，也要注意对运算推理认识和理解的训练；在学习推理证明时，不仅仅是在推理证明形式上的训练，更要关注对落笔有据、言之有理的理性思维的训练；在立体几何学习中不仅要有对基本作图、识图的训练，而且要从整体观察入手，从整体到局部与从局部到整体相结合，从具体到抽象、从一般到特殊的认识事物的方法的训练；在学习统计时，要尽可能让学生经历数据处理的过程，从实际中感受、体验如何处理数据，从数据中提取信息。在过去的数学教学中，往往偏重于单一的"纸与笔"的技能训练，以及对一些非本质的细枝末节的地方，过分地做了人为技巧方面的训练。例如对函数中求定义域过于人为技巧的训练。特别是在对运算技能的训练中，经常人为地制造一些技巧性很强的高难度计算题，比如三角恒等变形里面就有许多复杂的运算和证明。这样的训练学生往往感到比较枯燥，渐渐地学生就会失去对数学的兴趣，这是我们所不愿看到的。我们对学生的基本技能训练，不是单纯为了让他们学习、掌握数学知识，还要在学习知识的同时，以知识为载体，提高他们的数学能力，提高他们对数学的认识。事实上，数学技能的训练，不仅是包括"纸与笔"的运算、推理、作图等技能训练，随着科技和数学的发展，还应包括更广的、更有力的技能训练。

例如，我们要在教学中重视对学生进行以下的技能训练：能熟练地完成心算与估计；能正确地、自信地、适当地使用计算机或计算器；能用各种各样的表、图、打印结果和统计方法来组织、解释、并提供数据信息；能把模糊不清的问题用明晰的语言表达出来；能从具体的前后联系中，确定该问题采用什么数学方法最合适，会选择有效的解题策略。也就是说，随着时代和数学的发展，高中数学的基本技能也在发生变化。教学中也要用发展的眼光，与时俱进地认识基本技能，而对于原有的某些技能训练，随着时代的发展可能会被淘汰，如以前要求学生会熟练地查表，像查对数表、三角函数表等。当有了计算器和计算机以后，就能使用计算机或计算器这样的技能替代原来的查表技能。

（四）鼓励学生积极参与教学活动，帮助学生用内心的体验与创造来学习数学，认识和理解基本概念、掌握基础知识

随着数学教育改革的开展，无论是教学观念，还是教学方法，都在发生变化。但是，在大多数的数学课堂教学中，教师灌输式的讲授，学生以机械的、模仿的、记忆的方式对待数学学习的状况仍然占有主导地位。教师的备课往往把教学变成一部"教案剧"的编导过程，教师自己是导演、主演，最好的学生能当群众演员，一般学生就是观众，整个过程就是教师在活动，这是我们最常规的教学，"独角戏""一言堂"，忽略了学生在课堂教学中的参与。

为了鼓励学生积极参与教学活动，帮助学生用内心的体验与创造来学习数学，认识和理解基本概念，掌握基础知识，教师在备课时不仅要备知识，把自己知道的最好的、最生动的东西教给学生，还要考虑如何引导学生参与，应该给学生一些什么、不给什么、先给什么、后给什么，怎么提问，在什么时候，提什么样的问题才会有助于学生认识和理解基本概念、掌握基础知识等等。例如，在用集合、对应的语言给出函数概念时，可以首先给出有不同背景，但在数学上有共同本质特征（是从数集到数集的对应）的实例，与学生一起分析他们的共同特征，引导学生自己去归纳出用集合、对应的语言给出函数的定义。当我们把学生学习的积极性调动起来，学生的思维被激活时，学生会积极参与到教学活动中，也就会提高教学的效率。同时，我们需要在实施过程中不断探索和积累经验。

（五）借助几何直观揭示基本概念和基础知识的本质和关系

几何直观形象，能启迪思路、帮助理解。因此，借助几何直观学习和理解数学，是数学学习中的重要方面。徐利治先生曾说过，"只有做到了直观上理解，才是真正的理解。"因此，在"双基"教学中，要鼓励学生借助几何直观进行思考、揭示研究对象的性质和关系，并且学会利用几何直观来学习和理解数学的这种方法。例如，在函数的学习中，有些对象的函数关系只能用图像来表示，如人的心脏跳动随时间变化的规律——心电图；在导数的学习中，我们可以借助图形，体会和理解导数在研究函数的变化是增还是减、增减的范围、增减的快慢等问题中，是一个有力的工具；认识和理解为什么由导数的符号可以判断函数是增是减，对于一些只能直接给出函数图形

的问题，更能显示几何直观的作用了。再如，对于不等式的学习，我们也要注重形的结合，只有充分利用几何直观来揭示研究对象的性质和关系，才能使学生认识几何直观在学习基本概念、基础知识，乃至整个数学学习中的意义和作用，学会数学的一种思考方式和学习方式。

当然，教师自己对几何直观在数学学习中的作用要有全面的认识。例如，除了需注意不能用几何直观来代替证明外，还要注意几何直观带来的认识上的片面性。例如，对指数函数 $y=ax$（$a>1$）图像与直线 $y=x$ 的关系的认识，以往教材中通常都是以 2 或 10 为底来给出指数函数的图像。在这种情况下，指数函数 $y=ax$（$a>1$）的图像都在直线 $y=x$ 的上方，于是，便认为指数函数 $y=ax$（$a>1$）的图像都在直线 $y=x$ 的上方，教学中应避免类似的这种因特殊赋值和特殊位置的几何直观得到的结果所带来的对有关概念和结论本质认识的片面性和错误判断。

（六）恰当使用信息技术，改善学生学习方式，加强对基本概念和基础知识的理解

现代信息技术的广泛应用正在对数学课程的内容、数学教学方式、数学学习方式等方面产生深刻的影响。信息技术在教学中的优势主要表现在：快捷的计算功能、丰富的图形呈现与制作功能、大量数据的处理功能等。因此，在教学中，应重视与现代信息技术的有机结合，恰当地使用现代信息技术，发挥现代信息技术的优势，帮助学生更好地认识和理解基本概念和基础知识。例如在函数部分的教学中，可以利用计算器、计算机画出函数的图像，探索它们的变化规律，研究他们的性质，求方程的近似解，等等。在指数函数性质的教学中，就可以考虑首先用计算器或计算机呈现指数函数 $y=ax$（$a>1$）的图像，在观察过程中，引导学生去发现当 a 变化时，指数函数图像成菊花般的动态变化状态，但不论 a 怎样变化，所有的图像都经过点（0，1），并且会发现当 a>1 时，指数函数单调递增。

通过对大学数学的教学改革，发现制约高等学校大学数学教学质量的主要原因在于高等学校的数学教学与中学数学教学的脱节。这不仅表现在教材内容的衔接上，也表现在教学中对学生的要求上。例如，求函数的极限，学生在课堂上不能够使用三角公式进行和差化积，问其原因，学生回答说："高中数学老师说和差化积公式不用记，高考卷子上是给出的，只要会用。"这样做的结果导致学生的基础严重不牢固，给大学数学学习带来障碍和困难。为了改变这种基础教育与高等教育严重脱节的问题，要求高等学校的教育教学进行改革，从教育教学理念到教材内容进行全方位的改革，使之与当前我国的教学改革相适应。实现基础教育改革的目标与价值，删减偏难怪的内容和陈旧的内容，提升教学内容，把精华的部分传授给学生。基础教育阶段要按照"双基"理论加强"双基"教学，为学生后续学习奠定必要的基础。

第六节 初等化理论

近几年来，随着国家对大学数学教育的重视和政策的调控以及社会对专业技术人才需求形势的变化，高校的规模得到了快速发展，招生范围也大大扩大，但同时也带来了一个问题，就是学生的文化基础参差不齐。因为招生方式的多样化，单独招生和技能高考等，就有一大批中职学生进入高校，这些学生成绩不高的背后，往往反映出他们的数学思维能力低、数学思想差。让这样的学生学习突出强调数学思想的大学数学是比较困难的。高等大学数学教育属于高等教育，又不同于高等教育。它的根本任务是培养生产、建设、管理和服务第一线需要的德智体美全面发展的高等技术应用型专门人才，所培养的学生应重点掌握从事本专业领域实际工作的基本知识和职业技能，所以大学数学就是服务于各类专业的一门重要的基础课。但是数学在社会生产力的提高和科技水平的高速发展上发挥着不可估量的作用，它不仅是自然科学、社会科学和行为科学的基础，而且是每个学生必须具备的一门学科，所以高等大学数学教育应重视数学课；因为高校教育自身的特点，数学课又不应过多地强调逻辑的严密性、思维的严谨性，而应将其作为专业课程的基础，采取初等化教学，注重其应用性、学生思维的开放性、解决实际问题的自觉性，以提高学生的文化素养和增强学生就业的能力。

首先从教材上来说，过去的高校的大学数学教材不是很实用，其内容与某些本科院校的高数教材一样难。进入 21 世纪后，教育部先后多次召开了全国高等大学数学教育产学研经验交流会，明确了高等大学数学教育要"以服务为宗旨，以就业为导向，走产学研结合的发展的道路"，这为大学数学教育的改革指明了方向。在我们编写的高校教材中，就特别注意了针对性及定位的准确性——以高校的培养目标为依据，以"必需、够用"为指导思想，在体现数学思想为主的前提下删繁就简、深入浅出，做到既注重大学数学的基础性，适当保持其学科的科学性与系统性，同时更突出它的工具性；另外注意教材编排模块化，为方便分层次、选择性教学服务。在大学数学的教学上，也基本改变了过去重理论轻应用的思想和现象，确立了数学为专业服务的教学理念，强调理论联系实际，突出基本计算能力和应用能力的训练，满足了"应用"的主旨。

我们知道，数学在形成人类理性思维方面起着核心的作用，所受到的数学训练、所领会的数学思想和精神，无时无刻不在发挥着积极的作用，成为取得成功的最重要的因素。所以，在大学数学的教学中，能尽可能多地渗透一些数学思想，让学生尽可能多地掌握一些数学思想，另外数学是工具，是服务于社会各行各业的工具，作为工具，它的特点应该是简单的。能把复杂问题简单化，才应该是真数学。因此，若能在大学数学教学中，用简单的初等的方法解决相应问题，让学生了解同一个实际问题，可以从不同的角度、用不同的数学方法去解决，对开阔学生的学习视野，提高学生学习数学的兴趣与能力都是很有帮助的。

微积分是大学数学的主要内容，是现代工程技术和科学管理的主要数学支撑，也是高校、高专各类专业学习大学数学的首选。要进行高校高专的大学数学的教学改革，对微积分教学的研究当然是首选对象。所谓微积分的初等化，简单地说就是不讲极限理论，直接学习导数与积分，这种方法也是符合人们的认知规律与数学的发展过程的。纵观微积分的发展史，是先有的导数和积分，后有的极限理论。因为实际生活中的大量事物的变化率问题的存在、有各种各样的求积问题的存在，才有了导数和定积分的产生；为使微积分理论严格化，才有了极限的理论。学习微积分，是由实际问题驱动，通过为解决实际问题而引入、建立起来的导数与积分概念的过程，使学生学会数学化地处理实际问题的思想与方法，提高他们举一反三用数学知识去解决实际问题的能力。按传统的微积分内容的教学处理，数学的这种强烈的应用性被滞后了，因为它先讲极限理论，而在初等化的微积分中，上来就从实际问题入手，撇开了极限讲导数、讲积分，正好顺应了用"问题驱动数学的研究、学习数学"的时代潮流。在初等化的微积分中，积分概念就是建立在公理化的体系之上的，由积分学的建立，学生可以了解数学的公理化体系的建立过程，学习公理化方法的本质，学习如何用分析的方法，从纷繁的事实中找出基本出发点，用讲道理的逻辑方式将其他事实演绎陈述出来，这对学生将来使用数学是大有益处的，也为将来进一步学习打下了基础。

在初等化微积分中，通过对实际问题的分析引入了可导函数的概念，使学生清楚地看到：问题是怎样提出的，数学概念是如何形成的。类比中学已经接触到的用导数描述曲线切线斜率的问题，使学生了解到同一个实际问题可以用不同的数学方式去解决的事实，从而可以有效地培养学生的发散思维及探索精神。在大学数学初等化教学中，极限的讲述是描述性的，是不用语言的，难度大大下降，体现了数学的简单美。

在微积分的教学中，一方面要渗透数学思想，同时也要兼顾学生继续深造的实际情况。所以大学数学中微积分初等化教学可以这样进行：

设想一：

一、微分学部分

微分学部分采取传统的"头"＋初等化的"尾"的讲法，即"头"是传统的，按传统的方法，依次讲授"极限—连续—导数—微分—微分学的应用"，其中极限理论抓住无穷小这个重点，使学生掌握将极限问题的论证化为对无穷小的讨论的方法；"尾"引进强可导的概念，简单介绍可导函数的性质及与点态导数的关系，把"微分的初等化"作为微分学的后缀，为后面积分概念的引进及积分的计算奠定基础，架起桥梁。此举不仅在于使学生获得又一种定义导数的方法，更重要的是可以揭开数学概念神秘的面纱，开阔学生的眼界，丰富学生的数学思维，激发学生敢于思考、探索、创造的自信心。

二、积分学部分

积分学部分采取初等化的"头"＋传统的"尾"的讲法，积分学的"头"通过实际问题驱动，引入、建立公理化的积分概念，再利用可导函数的相关性质推出牛顿－莱布尼茨公式，解决定积分的计算问题。最后从求曲边梯形面积外包、内填的几何角度，介绍传统的积分定义的思想。这样处理的结果，不但使学生学习了积分知识，而且能够使学生学到数学的公理化思想，学到解决实际问题的不同数学方法，对培养、提高学生的数学素质是大有好处的。

设想二：

由于导数、积分等概念只不过就是一种特殊的极限，若将极限初等化了，导数、积分等自然就可以初等化了，所以可以不改变传统的微积分讲授顺序，只是重点将极限概念初等化一下即可，也就是不用语言，而是用描述性语言来讲极限这样的讲法，虽然与传统的微积分教学相比没有太大的改动，但能使学生对极限有关知识的学习，不仅有了描述性的、直观的认识，而且能对与极限有关问题进行证明，达到了培养、提高学生论证的数学思想与能力的目的。

在大学数学教学中，用简单的初等化方法教学，既能符合高校教育的特点，满足高校学生的现状，也能让学生掌握应有的高数知识和数学思想，对提高学生的素质和将来的深造都能打下良好的基础。

第二章 新时代背景下大学数学教学模式研究

伴随着信息科技技术的快速发展，教育信息化已然成为不可逆转的时代潮流。其中微课当属教育信息化的典型模式之一，其在推动教育信息化发展方面功不可没。目前，将微课教学模式引入高等院校教学中，切实提升教学质量，已经成为高等院校教学中亟待研究的重要课题。因此本节以大学数学为研究对象，探究如何将微课和大学数学教学模式融合到一起。

一、微课基本概述

微课的概念诞生于 2008 年，最初由美国新墨西哥州圣胡安学院的高级教学设计师、学院的在线服务经理 David Penrose 提出。他将课程的要点进行提炼，并制作成十几分钟的视频上传到网络上，而后被称之为"一分钟教授"。相对于国外来说，国内关于微课的研究起步相对较晚，2010 年广东佛山教育局的胡铁生提出了微课教学理念。他指出，微课主要基于视频这种传达方式，记录教师在课堂教育教学中，围绕某一个知识点或者教学环节展开的精彩教学活动全过程。其特点如下：

（一）教学时间

微课教学内容中最为关键的载体就是教学视频。该视频要求短小且精悍。依据学生的认知特点以及学习规律，其注意力的高度集中时间不宜太长。通常而言，最佳的微课时长应该为 5~8 分钟，同时需控制在 10 分钟之内。

（二）教学内容主题明确

微课的内容必须完整，并且通俗易懂，能够在短时间内完整呈现相关知识点，同时还更容易被学习者接受，有利于提升教学效果。同时微课视频中不仅有文字内容，还有图片、声音等内容，能够更加生动地呈现知识点全貌，便于激发学生的学习兴趣，提升学习效率。

（三）教学模式便于操作

因为微课主要的传达方式为视频，且其容量较小、内容精悍。运用网络传播平台便可以实现在线观看微课视频的功能，也可以实现师生间的视频交流学习。在微课教学模式下，学生不再局限于教室和学校，尤其是随着信息技术和网络技术的不断发展，学生能够利用手机、笔记本、iPad 等移动终端来实现微课学习。可以说，微课不再受地域以及播放终端的约束，能够实现跨时空、跨区域的移动学习。

二、大学数学微课设计的主要类型

（一）课前预习微课

学生在中学时期已经初步接触了部分大学数学的基础内容。由于大学数学的应用性相对较强，因此教师开发设计微课时，需要恰当把握学生已有基础知识和新知识之间的切合点。或者依据知识点相关的实际问题，设计一个简短的引入片段。例如，可以将变速直线运动的瞬时速度问题以及曲线的切线问题设计为导数概念的课前预习微课内容。学生可以利用手机或者平板电脑等在课前观看预习微课，从而为新课的学习奠定基础，取得听课的主动权。

（二）知识点讲授式微课

大学数学的教学内容较为丰富，知识点也比较多，学生在学习的时候，也难以把握好重点。因此教师在制作微课的时候，应该将其中一个知识点作为一个单元，尤其要针对其中的重难点问题设计微课。例如关于函数、极限和连续模块的微课，就可以设计为初等函数的概念、函数极限的定义、等价无穷小、重要极限、函数的连续性、函数的间断点和分类、零点定理等。要求和知识点相关的微课设计短小而精悍，突出重难点。学生可以依据自身的实际状况，随时进行学习，同时将其纳入自身的知识体系中。

（三）例题习题解答式微课

对于学生集中反映出的典型例题或者是习题，将其设计成微课可以满足学生的不同需求。例如，求函数极限的不同方法归纳及典型例题，积分上限的函数求导问题，利用不同的坐标系来计算三重积分等等。将这些典型的例题和习题分类整理制作成微课，让学生反复进行观看，能够起到举一反三的重要作用。

（四）专题问题讨论式微课

大学数学的知识点既来源于实际，又应用于实际。因此在实际教学过程中，教师应结合不同学生的专业背景，结合相应的知识点，设计一些小的专题，组织学生开展小规模的讨论并制作成微课。这样学生就能够利用微课不断巩固相关知识要点，对提高学习效率作用甚大。

三、大学数学微课教学模式实施

在大学数学教学中引入微课，教师需要首先综合分析教学目标、教学对象和教学内容，同时运用信息化的教材或者微信平台，将微课视频教学资源进行发布。同时教师还应该结合不同学生的专业背景，设计一些具备针对性的问题，以便于学生能够自主通过查阅相关资料并结合自身所学加以分析和解决。此外，学生还可以通过微课视频自主组织学习或者分组协作学习，反复思考，从而不断构建自身的知识体系，同时将相关问题带到课堂上进行讨论和交流。

在大学数学课堂上，教师需要认真分析和总结学生提出的难点和问题，找到学生普遍难以理解的共性问题，且具备一定探究意义的问题，组织学生开展小组讨论，以便于培养学生的自主探究问题和解决问题的能力。课堂最后，教师还应该结合微课视频，将知识点中的重难点进行系统的归纳和总结。教师逐渐由课堂知识的传授者转变为组织者、合作者以及释疑者，学生则变成了课堂的主角和知识的挑战者。课堂授课结束后，教师还应该分发微课视频给学生，以便于学生反复观看，更好地巩固相关知识要点，同时引导学生自主进行总结学习，并对学生提交的总结予以反馈评价。引导学生开展网上互动讨论，以便于激发学生的学习热情。

例如，在对定积分的应用进行讲解时，教师应首先明确教学内容，也就是定积分的元素法。然后将制作好的预习微课提前发布给学生，以便于学生在课前做好相关的准备工作。在课堂上，教师和学生应将需要探究的问题进行统一。如可以将定积分的元素法在应用时需要满足的条件、步骤、如何求解平面图形的面积和旋转体的体积等作为需要共同探究的问题。并积极引导学生进行讨论、探究解决办法。课堂最后，教师可以结合微课视频，将定积分的元素法以及应用进行归纳提炼，构建出一个完整的知识框架。课后，教师将微课视频分发给学生，引导其进行自主讨论和探索，并及时对学生的学习成果予以评价和反馈。

总之，微课是当前高等教学工作中的全新理念。本节以大学数学作为研究对象，探究了微课在大学数学教学中的具体应用模式和应用思路。随着微课时代的到来，不能否认传统教学模式中的好的做法，而是应该将微课和传统教学模式进行有机融合，取长补短，从而切实提升大学数学的教学质量。

第二节　基于 CDIO 理念的大学数学教学模式

大学数学是高校重要的公共基础课，如何建设和发展大学数学直接影响着高校人才的培养。而现阶段许多高校都在积极开展 CDIO 人才培养模式，其主要以产品研发到运行的整个生命周期作为媒介，促使学生通过主动实践、课程间有机联系的方式开展学习。将 CDIO 理念切实应用到大学数学教学模式中，具有十分重要的现实意义。因此，本节主要对基于 CDIO 理念的大学数学教学模式进行深入探究。

一、CDIO 理念对大学数学教学模式的要求

（一）强调学生处于主动地位

CDIO 理念强调学生的主动地位，改变了传统以教师为主导的教学理念，强调学生主动参与教学，强调学生自主学习。

（二）强调培养学生的实践能力

CDIO 理念强调学生实践能力的培养，要求学生从传统的听数学转变为做数学，以培养学生自主学习的能力为目标。此理念能够激发学生探究数学的兴趣与爱好，有助于提高学生自主学习、分析与适应能力，这不仅有利于提高学生的数学能力，还能够锻炼学生为人处世的正确方式，让学生终身受益。

（三）强调培养学生的综合素质

CDIO 理念是基于课堂教学为载体，让学生体会数学课程的趣味性，让学生愉快地学习。CDIO 理念既能够提高学生的数学学习能力，还能够培养学生良好的道德意识，还可以从根源上提高学生的团队合作能力与综合素质。

二、基于 CDIO 理念的大学数学教学模式

（一）调动学生的学习兴趣

基于 CDIO 理念，必须改变传统的教师本位教学模式，尊重学生的主体地位，引导学生积极参与教学活动。从大学数学教师的角度出发，重视培养学生的非智力因素，调动学生对大学数学的学习兴趣，全面实现智力因素与非智力因素的有机融合，以便于进一步培养学生良好的数学素质与数学能力。例如，在新学期初期，教师可以专门

选择一定时间，为学生阐述大学数学的趣味性与必要性，并结合实例强调大学数学的实用性。在日常教学中，正确解释知识点的背景，不必强调知识点本身，从而调动学生的学习兴趣与积极性，培养学生在大学数学中的应用与创新能力，促使学生切身感受到大学数学的有效作用。

（二）提高教师的教学能力

基于 CDIO 理念，加强教师专业能力的培养，确保其能够理解每位学生，关注学生的专业课程与未来发展。高校应合理安排固定的数学教师开展大学数学课程教学工作，每学期进行多次数学教师与专业课程教师的交流活动，以此明确教学重点。与此同时，适当安排数学教师进行专业讲座，以保证大学数学教学得以消解，更好地融入专业应用实例中，使学生了解大学数学在解决专业问题中的优势作用，以此自主提高自身的数学应用能力。另外，高校也应为优秀教师开设公开课程，为其他教师提供模范榜样，年轻教师也可以进行一对一相互辅助带动活动，以提高全体大学数学教师的 CDIO 能力与素养，确保大学数学的整体教学效果。

（三）合理地调整教学内容

传统大学数学教学强调理论证明和解决问题的技巧，并不重视实践教学，从而难以激发学生的学习积极性与兴趣。因此，基于 CDIO 理念，必须调整数学教学内容，适当增加实践性内容与应用案例。在日常教学和实践教学中，合理整合专业应用实例，构建数学模型，利用 MAT 软件解决问题，使学生在实践中自主学习。根据学生的实际情况和专业课要求，科学调整大学数学教学的具体内容，扩大教学内容的深度与广度，为不同专业设置不同的数学课程结构。进一步简化数学理论的整个推理过程，加强对常规性问题解决方法的讲解，不过分强调解决问题的技巧。此外，还可以增加数学建模课程，鼓励学生积极参加竞赛，有机结合课堂教学与课外活动，提高学生的数学能力与专业素养。

（四）科学地创新教学方法

为了提高教学效果，应该摒弃传统教师讲解与学生听讲的教学模式，促进教学方法实现多元化。其中最为有效的教学方法主要有四种：其一，案例教学。教师主导案例选择，结合案例提问，引导学生独立思考，提出自己的观点。在这一过程中，要合理把握具体与抽象、特殊与一般的关系，帮助学生熟练掌握具体问题相应的解决方法。其二，模块教学。大学数学与专业课相结合，不同的专业采用与之相适应的教学模块，即基础模块、技能模块、扩展模块等。其中，基础模块应包括各专业的基本知识，技能模块应着眼于专业的应用方向，拓展模块强调知识点的升华。技能模块强调知识点的实际应用，扩展模块则强调在应用的基础上做进一步创新。通过模块设置、学生分组、任务分配、具体实施、评价总结，促进教学活动得以有序进行。其三，网络教学。高校需要构建健全的网络教学平台，实现网上交流与师生互动，确保学习活动能够不限时间与地点的进行。其四，实验教学。实验教学可以引入到大学数学教学中，通过实验解释和验证理论知识体系。在实践操作中，实验教学可以选择选修课模式，引导学生独立自主积极参与，实验教学形式可以利用数学建模或实验，通过简单的应用学科，鼓励学生自主查阅数据、分析并解决问题，还可以利用计算机与数学软件，从而提高教学效率与质量。通过实验分析，鼓励学生深入理解并应用大学数学知识。

（五）进一步健全评价体系

针对现行的以考试为导向的评价体系，应及时完善，并将教学过程评价纳入评价体系。高校必须认识到大学数学实验课注重学生实践应用能力的培养，并积极改进考试方法，采用理论考试与技能考核相结合的方法。其中，理论考试成绩占总分的70%，实验成绩和平时成绩占据30%。与此同时，增加大学数学期中考试，确保学生能够理解问题，提高复习的针对性。

（六）全方位渗透建模思想

CDIO理念的核心在于鼓励学生加强实践学习，数学建模实践就是有效的体现。对此，大学数学教师可以在教学中积极引入数学建模思想，引导学生通过多种教学方法，基于大学数学的实用性，以学生为主体，培养数学知识的实际应用能力，以此保证学生可以深入理解大学数学的深层内涵，展示大学数学中所涉及的方式方法，并将其作为学习工具。在教学过程中，保证学生具备数学建模能力与知识应用能力，能够运用数学知识解决实际问题，要求学生熟练掌握数据收集、数据分析、模型建立以及求解的整个过程，在实践教学的基础上，构建健全的学习平台，调动学生的数学学习兴趣。例如，在教学中，可以引入学生日常生活中的常见问题，即食堂的座位问题，中午或下午就餐高峰期，食堂座位有限，不能满足就餐需求，利用数学建模加以解决。以此方式，数学建模思想便可以渗透到大学数学教学中，学生可以在实践中深入学习。

综上所述，新时期，大学数学教学面临着许多新需要和要求，同时也逐渐衍生出一系列新的问题，要求高校必须予以重视。CDIO理念能够充分调动学生的数学学习积极性，有助于提高学生的自主学习能力，并大大提高教学效率与质量。因此，严格按照CDIO教学理念，对大学数学教学现状进行详细分析，促进教学模式实现深化改革与创新发展，不仅要改革教学内容与方式、加强师资队伍建设，还要配置多元化的教学方法与健全的考核评价体系，以此提高大学数学教学效率，促使学生的大学数学技能与素质得到全面提升。

第三节 基于分层教学法的大学数学教学模式

大学数学是高等教育中一门重要的基础课程，对学生的专业发展起到重要的补充作用。传统的大学数学教学模式已经不适合现代高等教育发展的需要，必须改变现有的教学模式，建立一种新型教学模式以适合现代企业用人的需求。本节主要介绍并分析大学数学现有媒体资源和学员学习状况、分层教学法在大学数学中应用的依据、大学数学分层教学实施方案、分层教学模式，并阐述基于分层教学法的大学数学教学模式构建，希望为专家和学者提供理论参考依据。

一、现有媒体资源介绍和学员学习状况分析

（一）大学数学现有媒体资源介绍

教材是教学的最基础资源，但现在大学数学教材基本都是公共内容，体现为专业服务的知识很少，也就是知识比较多，但根据专业发展的针对性不足。现在为了学生的专业发展，大学数学教材也一直在改变，但现在还是有一定章节的限制，没有完全根据学生的专业发展，进行有效的教学改革。大学数学是一门公共基础课，传统教学就是对学生数学知识的普及，但现代高等教育对大学数学课提出了新要求，不仅是数学知识的普及，同时要提升到为学生专业发展服务上来，就是在基础知识普及的过程中提升学生的专业发展,全面提高学生综合素养,培养企业需要的应用型高级技术人才。

（二）学员学习状况分析

大学数学是一门重要的基础课程，这个学科本身就具有一定的难度，但现在应用型本科院校学生的数学基础普遍不好，有一部分同学高考数学分数都没有达到及格标准，这会给学生学习大学数学带来一定的难度，大学的教学方法、教学模式、教学手段与高中有一定的区别，大一就学习大学数学会给学生带来一定的挑战，教师需要根据学生的实际情况、专业的特点，科学有效地采用分层教学法，着重提高学生实践技能，增强学生创新意识，提高学生创新能力。

二、分层教学法在大学数学教学中应用的依据

分层教学法有一定的理论依据，起源于美国教育家、心理学家布卢姆提出的"掌握学习"理论，这是指导分层教学法的基础理论知识，但经过多年的实践，对其理论

知识的应用有一定的升华。现在很多高校在大学数学教学中采用分层教学法，高校学生来自祖国四面八方，学生的数学成绩参差不齐，分层教学法就是结合学生各方面的特点进行有效分班，科学地调整教学内容，对提高学生学习大学数学的兴趣起到一定的作用，也能解决学生之间个性差异的问题。分层教学法可以根据学生的发展需要，采用多元化的形式进行有效分层，其目的都是提高学生学习大学数学的能力，提高学生利用大学数学解决实际问题的能力，全面培养学生的知识应用能力，符合现代高等教育改革需要，对培养应用型高级技术人才起到保障作用。

三、大学数学分层教学实施方案

（一）分层结构

分层结构是大学数学分层教学实施效果的关键因素，必须科学合理地进行分层，要结合学生学习特点及专业情况科学合理地进行分层。一般情况下都根据学生的专业进行大类划分，比如综合型大学分理工类与文史类等。理工类也要根据学生专业对大学数学的要求进行科学合理的分类，同一类的学生还需要结合学生的实际情况进行分班，不同层次学生的教学目标、教学内容都不同，其目标都是提高学生学习大学数学的能力，提高学生数学知识的应用能力，分层结构必须考虑多方面因素，保障分层教学效果。

（二）分层教学目标

黑龙江财经学院是应用型本科院校，其大学数学分层教学目标就是以知识的应用能力为原则，通过对大学数学基础知识的学习，让学生掌握一定的基础理论知识，提高其逻辑思维能力，根据学生的专业特点，重点培养学生在专业中应用数学知识解决实际问题的能力。大学数学分层教学目标必须明确，符合现代高等教育教学改革的需要，对提升学生知识的应用能力起到保障作用，同时对学生后继课程的学习起到基础作用，大学数学是很多学科的基础学科，对学生的专业知识学习起到基础保障作用，分层教学就是根据学生发展方向，有目标地整合大学数学教学内容，结合学生学习特点，采用项目教学方法，对提高学生知识应用、分析问题、解决问题的能力起到重要作用。

（三）分层教学模式

分层教学模式是一种新型教学模式，是高等教学模式改革中常用的一种教学模式。根据需要进行分层，分层也采用多元化的分层方式，主要针对学生特点与学生发展方向进行科学有效的分层教学。每个层次的学生学习能力不同，确定不同的教学目标、教学内容，实施不同的教学模式，其目标是全面提高学生大学数学知识的应用能力，在具体工作中，能采用数学知识解决实际问题。研究型院校与应用型院校采用的分层教学模式也不同，应用型院校一般使大学数学知识与学生专业知识进行有效融合，提高学生数学知识的应用能力。

（四）分层评价方式

以分层教学模式改革大学数学教学，实践证明是符合现代高等教育发展需要的，但检验教学成果的关键因素是教学评价，教学模式改革促进教学评价的改革。对于应用型本科院校来说，教学评价需要根据大学数学教学改革的需要，进行过程考核，重视学生大学数学知识的应用能力，注重学生利用大学数学知识解决职业岗位能力的需求，取代传统的考试模式。大学数学也需要进行一定的理论知识考核，在具体工作过程中，需要理论知识与实践知识相结合，这是大学数学分层教学模式的教学目标。

四、分层教学模式的反思

分层教学模式在高等教育教学改革中有一定的应用，但在实际应用过程中也存在一定的问题。首先，教学管理模式有待改善，分层教学打破传统的班级界限，这给学生管理带来一定的影响，必须加强学生管理，这对教学起到基本保障作用；其次，对教师素质提出了新要求，分层教学模式的实施要求教师不仅具有丰富的大学数学理论知识，还应该具有较强的实践能力，符合现代应用型本科人才培养的需要；最后，根据教学的实际需要，选择合理的教学内容，利用先进的教学手段，提高学生学习兴趣，激发学生学习潜能，提高学生大学数学知识的实际应用能力。

总之，大学数学是高等教育的一门重要公共基础课程，在高等教育教学改革的过程中，大学数学采用分层教学模式进行教学改革，是符合现代高等教育改革需要的，尤其在教学改革中体现了大学数学为学生专业发展的服务能力，符合现代公共基础课程职能。大学数学在教学改革中采用分层教学模式，利用现代教学手段，采用多元化的教学方法，对提高学生的大学数学知识应用能力起到保障作用。

第四节　将思政教育融入大学数学教学模式

"课程思政"是当前各高等院校教学改革的一个重要方向，本节从时间优势、内容优势等方面对大学数学课程开展课程思政进行可行性分析，指出大学数学开展课程思政要解决的两个关键问题：一是要让教师充分认识到课程思政的重要性和必要性；二是要根据大学数学课程的特点，深入挖掘思政元素。给出大学数学进行课程思政的途径与方法，即通过"课程导学"对学生进行思想教育，帮助学生树立学习目标，用数学概念、数学典故对学生进行爱国主义教育，引导学生学会做人做事，树立正确的人生观和价值观，用数学家的丰功伟绩激励和鞭策学生勤奋学习、立志成才。

大学数学是高等院校理工类、经管类各专业最重要的公共基础课，只有学好大学数学，才能顺利学习后续的专业课程。同时，大学数学课程也是大学理工科学生课时最长的基础课之一，因此，在"课程思政"中大学数学是不应该缺位的，作为大学数学教师，应积极开展课程思政教学改革。本节在课堂教学实践的基础上，分析与探索在大学数学课程中开展"课程思政"的有效途径与方法，将素质教育融入大学数学课堂，为实现"立德树人"这一教育目标尽一份力。

一、大学数学开展课程思政的可行性分析

（一）大学数学进行课程思政的时间优势

大学阶段是学生世界观、价值观、个人品德、为人处世等方面形成的黄金时期，而进入大学的第一年又是这一时期的关键节点，学生刚刚脱离父母的管束，迈进大学校园，面对陌生的校园环境与人际关系、相对自由的生活方式、无人看管的学习方式及与高中完全不同的课堂氛围等，学生在心理上难免会出现不同程度的波动，甚至焦虑和不安。再加上社会上各种思潮及诱惑潜移默化地影响着学生的人生观与价值观的形成，因此，学生的思想政治教育的最佳时机正是大学一年级。大学数学课程恰好是大学一年级学生必修的一门重要的通识基础课，因此大学数学课程在时间节点上具有实施课程思政的优势。

另外，学生的思想政治教育，学生的世界观、价值观的形成绝非是一朝一夕就能完成的事情，它需要教师长期不断地探索与实践才能收到良好的效果。而大学数学课程在大学理工科各专业的课程体系中，具有课时多、战线长、覆盖面广的特点，多数专业大学数学都需要至少学习两个学期，每周6学时的教学安排。因此，大学数学课程从时间跨度上来说也具有实施课程思政的优势。

（二）大学数学进行课程思政的内容优势

大学数学作为高等院校一门重要的公共基础课，对学生学好后续专业课程及学生进一步深造都发挥着巨大的作用，教师和学生都极其重视。学生对知识获取的渴望，对数学课的看重，为大学数学课堂创造了良好的育人环境。另外，大学数学作为一门古老而经典的学科，拥有丰富的历史底蕴和文化资源，其中许多概念、符号、性质、公式、定理等都蕴含着广泛的思想政治教育元素，具有增强学生文化自信和民族自豪感，激发学生爱国情怀的功能。所以，从大学数学的历史发展过程来看，具有与课程思政

有机融合的优势。再有，数学学科揭示的是现实世界中的普遍规律，其中蕴含的哲学思想通常具有一定的普遍性，其对学生树立辩证唯物主义的世界观具有积极意义。因此，大学数学课程在内容上具有开展"课程思政"的优势。

二、大学数学开展课程思政要解决的关键问题

（一）加强数学教师对"课程思政"的理解，消除思想误区

开展"课程思政"，关键在教师。由于长期以来形成的教学理念和教学习惯，部分数学教师对推行"课程思政"工作还存在着认识上的不足和偏差。例如，部分教师认为学生的思想政治教育是思政老师和辅导员的事情，与己无关，缺少主动性与积极性。还有一部分教师担心在课堂上开展"课程思政"会对正常的课程造成干扰，因此，要通过教研活动，改变数学教师对课程思政的认识。教师首先要相信"课程思政"在数学课程教学中对知识传授、能力培养和价值观塑造一体化的作用，要认识到思想道德建设在学生学习中的重要性，学生只有树立正确的价值观与人生观，他们才能认识到数学课、专业课程的重要性，才能端正学习态度，提高学习的积极性，将来才能成为德智体美全面发展，对国家、对社会有用的人才。所以教师必须将提升学生的思想道德水平作为自己的责任使命，加强对课程思政的理解，只有数学教师充分认识到"课程思政"的重要性和必要性，才能重视思想政治育人工作，努力提升自身的思想政治理论水平和思想政治教育能力，实现数学课程知识传授与价值引领有机结合，将社会主义核心价值观与为人处世的基本道理和原则融入数学教学。

（二）结合大学数学课程特点挖掘德育元素，融入课堂教学

大学数学传统的授课方式，教师的主要精力都放在数学理论知识的传授上，忽略了对数学概念所蕴含的诸如人生观、价值观、道德观等思政教育的传授。大学数学作为一门典型的自然科学类基础课程，蕴含着丰富广泛的思想政治教育元素，数学教师应坚持以"知识传授与价值引领"相结合的原则，在不改变原有课程体系和课程重点的基础上，深入挖掘课程的思政元素，精心设计教学内容和教学环节，将思政内容巧妙地融入数学理论知识中，充分发挥大学数学课程的育人功能。教师要结合数学课程特点，因势利导、借题发挥，努力把思想政治教育元素融入大学数学课程的教学过程中，以讲故事、课堂讨论、总结汇报等多种学生喜闻乐见的形式引导和教育学生学会做人做事，树立正确的人生观和价值观，在学习数学理论知识的同时提升学生的思想政治素质。

三、大学数学课程思政实施方案

（一）通过"课程导学"对学生进行思想教育

每一届新生入学都会面临"大学与高中"之间生活、学习和思想等多方面的衔接和挑战，在高中时期，老师和家长经常给学生灌输大学学习轻松、混一混就可以毕业等错误的观念，导致部分学生进入大学后容易松懈。因此第一堂高数课教师除了让学生了解大学数学课程的重要性、学习目标以及考核方式之外，还要抽出一部分时间对学生进行思想教育，要让学生了解大学学习对他们今后立足社会的重要性，了解大学学习的特点，帮助学生树立学习目标及远大的理想信念，嘱咐学生不要荒废宝贵的大学时光，要努力学习，提高自己的能力，这样进入社会才会有竞争力。

（二）在传授数学知识的过程中对学生进行爱国主义教育

例如，在学习"极限"概念时，向学生介绍极限的由来，让学生了解到，早在战国时代我国就有了极限的思想，只是由于历史条件的限制，没有抽象出极限的概念，但极限思想的发现中国比欧洲早 1000 多年，以此对学生进行爱国主义思想教育，让学生认识到我们中华民族的智慧，消除崇洋媚外的心理，以自己是炎黄子孙而骄傲，增强民族自豪感与文化自信。

同时，要让学生了解到极限概念是数学史上最"难产"的概念之一，极限定义的明确化，是"量变引起质变"的哲学观点的很好体现，是辩证法的一次胜利，也使学生逐步树立起辩证唯物主义的世界观。

（三）用数学概念、数学典故来引导和教育学生学会做人做事，树立正确的人生观和价值观

例如，在讲解"极值与最值"知识点的时候，不仅要教会学生求函数的极值与最值，同时还可以让学生感悟：大多数人的一生，本质上都是在追求极大或最大值，要想达到这个极大或最大，就不能沉迷于网络游戏，必须付出辛勤的汗水，否则某些同学将会成为最小值。当真正理解了极值和最值的概念时，同学们就会明白，人的一生会遇到各种顺境和逆境（极大值与极小值），但只要胜不骄败不馁，就一定会取得人生的一个又一个成功。在今后的学习和生活中，当同学们取得一点点成绩时，千万不能骄傲自满，因为强中更有强中手，一山还比一山高，我们要认认真真做事、谦虚谨慎做人。当我们的生活和事业遇到挫折处于人生低谷时，也不要悲观气馁，或许这正是我们生活和事业的新起点，只要我们克服困难、努力拼搏、奋发向上，就一定会达到下一个极大值，一定会取得成功。

（四）用数学家的丰功伟绩激励和鞭策学生勤奋学习，立志成才

大学数学的主要内容是微积分，微积分创立于 17 世纪，经过很多著名数学家共同积累和总结，才有了微积分今天的成熟和完善。例如牛顿、莱布尼茨、柯西、拉格朗日、格林等数学家在大学数学教材中被多次提到。教师可以用数学家的生平事迹激励和鞭策学生努力学习，立志成才。鼓励同学们要学习数学家、科学家身上那种坚持真理、勤奋执着的科学态度，珍惜现在求学的大好时光，脚踏实地、坚持不懈，学知识长本领，成为对社会对国家有用的人才。

（五）以"数学建模"为引领，培养学生团队合作、吃苦耐劳与坚持不懈的优秀品质

数学建模比赛的参赛过程是很辛苦的，三人一组，要求学生在三天之内利用数学方法去解决一个模拟的实际问题，上交一篇论文。通过组织学生参加数学建模比赛，让学生深刻体会到团队合作的重要性，培养他们吃苦耐劳与坚持不懈的优秀品质。

课程思政是一种新的教学理念，要想真正取得成效，关键在教师，教师要自觉将育人工作贯穿于教育教学全过程，但要注意"课程思政"不是"思政课程"，对学生的思政教育不能太刻意，不能让学生感到高数老师变成了思政老师而引起学生的反感和抵触，要坚持数学知识传授本位不改，根据数学课程的特点，润物细无声地把思想政治教育元素融入到数学课程学习过程中，从而达成思政教育的目的。

第五节　基于问题驱动的大学数学教学模式

任务驱动法是大学数学教学中一种重要的教学模式，能够提高学生的主体地位，激发学习兴趣，促进学生的自主学习，进而提高数学水平。因此，在大学数学教学中对问题驱动模式的应用有着重要作用。在实际情况中，我国大学数学教学虽然有了较大发展，各类新型教学模式也不断涌现，但是受人为因素及外部客观因素的影响，依旧存在较多问题。因此，如何更好提高高等院校数学教学质量成为教师面临的重大挑战。本节主要所做的工作就是对基于问题驱动的大学数学教学模式进行分析，提出一些建议。

随着教育事业的不断深入，我国大学数学教学有了较大进步，教学设备、教学模式不断更新，较好地满足了学生的学习需求。在应用技术型这一新的高校发展理念背景下，要求教师充分激发学生的学习兴趣，营造出良好的课堂氛围，多与学生沟通交流，鼓励学生进行自主学习，以更好地提高学生的数学水平。但是很多教师都只是依照传

统方式进行教学，没有实时了解学生的学习兴趣及学习需求，致使学生学习效率低下、教师教学质量不高。因此，教师需对实际情况进行合理分析，对问题驱动模式进行合理应用，充分调动学生的自主性，以更好地确保教学效果。

一、问题驱动模式的优势分析

问题驱动模式以各类问题的提出为基础，注重激发学生的学习兴趣、调动学生的好奇心，与教学内容进行了紧密结合，这样能够较好提高学生的实践能力，增强学生数学学习的有效性。因此，在大学数学教学中对问题驱动模式进行应用具有较大的优势。

问题驱动模式的应用能够提高学生的主体地位。在问题驱动模式下，受好奇心的影响，学生能够自主对各类问题进行思考和分析，根据自身所学的知识来寻找解决问题的途径和方法。在获得一定成就感后，学生的学习积极性能够大大提高，进而自主探究更深层次的数学问题，满足自身的求知欲，这样大大提高了学生的主体地位，为学生后期的高效学习准备了条件。以往在进行数学教学时，教师为传授者、学生为接受者，教师主要采用传统满堂灌方式进行教学，在没有实时了解学生学习的情况下，对各类知识一股脑进行讲解，在这种情况下，学生的学习积极性和主动性较差，学习效率也较为低下，难以提高数学学习水平。问题驱动模式主要以学生为课堂主体，强调促进学生的自主学习、合作学习、探究学习，教师可依据课堂实际设置不同形式和难度的问题，并加以引导，及时帮助学生解决各类问题，以提高学生的数学学习能力。因此，在数学教学中对问题驱动模式进行应用能够较好提高学生的主体地位，这样能为学生后期数学的高效学习准备条件。

问题驱动模式的应用能够提高学生的数学学习能力。在应用技术型这一新的高校发展理念背景下，对学生提出了更高的要求，学生除了能学习、会学习外，还必须学会创新，能够主动学习、自主探究，这样才能更好地促进学生的全面发展，提高学生的数学水平。问题驱动法强调教授学生学习方法和学习技巧，而不只是教授学生固有的课堂知识，这就要求教师加强对学生学习能力、思维能力、实践能力的培养，站在长远的角度，以更好地帮助学生学习数学知识。数学知识的学习是为了解决实际问题，完善学生的数学知识体系，而问题驱动模式的应用则帮助学生对各类数学知识进行灵活应用，构建完善的数学知识体系，进而提高学生的数学学习能力，确保教学效果。

问题驱动模式的应用能够提高学生的综合素质。在问题驱动的作用下，学生能够积极进行沟通交流，就相关问题进行讨论，查找相应的资料，这样能够培养学生的创新意识、创新能力。在新课程理念背景下，学生需具备多项技能，除了一些专业技能外，还需具有其他技能，这样能够在后期数学学习中得心应手，提高学生的综合素质。随着教育事业的不断深入，学生也应对自己提出更高的要求，而在问题驱动模式的作用下，学生的学习环境得到了较好改善，教学氛围也较为活跃，这样能够促进师生、生生之间的沟通交流，培养学生的合作意识，提高学生的综合素质，这对学生步入社会都能起到较好作用。

二、在大学数学教学中应用问题驱动模式的方法分析

在大学数学教学中对问题驱动模式进行应用时，教师须对实际情况进行合理分析，了解学生的学习需求、学习兴趣、学习能力，充分发挥出问题驱动模式的作用。在大学数学教学中对问题驱动模式进行应用的方法如下。

（一）创设教学情景

数学教学过程中大都存在一定的枯燥性和复杂性，若学生的学习兴趣不高，难以有效融入到学习环境中，将难以有效地进行数学学习，影响教学效果。因此，教师在对问题驱动模式进行应用时，为了更好地发挥出问题驱动模式的作用，可创设相应的教学情景，以激发学生的学习兴趣，促进教学工作的顺利开展。在创设相应的教学情景时，教师需对实际情况进行合理分析，创设适宜的教学情景，并在情景中对相应的问题进行适当融入，让学生在活跃的氛围中有效地解决相应的问题，以增长学生的学习经验，提高学生的学习能力。在情景模式的创建过程中，教师将问题分成多个层次，遵循循序渐进的原则，引导学生逐渐掌握各类数学规律，总结经验，完善数学知识结构，这样能够更好地帮助学生进行数学学习。例如，在学习空间中直线与平面的位置关系时，教师可先对教学内容进行合理分析，设置出不同难度的问题。之后教师可通过多媒体对空间中直线与平面的位置关系进行表现，营造出活跃的教学氛围，以激发学生的学习兴趣。然后教师可让学生带着问题进行学习，并加强引导，让学生能够自主进行学习，从难度较低的问题到逐渐解决一些难度较高的问题，以提高学生的数学水平。

（二）促进学生间的合作

由于学生之间存在一定的差异，所以在思考问题时考虑的方向也不同，在这种情况下，可促进学生之间的合作，优势互补，进而更好地确保教学效果。因此，教师可依据实际情况进行合理分组，鼓励学生进行合作，共同解决相应的数学问题，这样不仅能提高学生的数学水平，而且能增强学生的合作意识。例如，在对圆的方程进行学习时，教师可先对学生进行合理分组，遵循以优带差原则。之后教师可设置相应问题，鼓励学生合作解决。然后教师再针对学生不懂的问题进行讲解，以帮助学生进行数学学习。

（三）加强教学反思

教学反思是提高教师数学教学水平的重要方式，所以加强教学反思至关重要。教师须合理分配教学时间，鼓励学生进行反思，并加强引导，提出需改进的地方，以帮助学生增长学习经验。例如，在学习微分中值定理的相关证明时，教师可先让学生自主解决各类问题，并记录下不懂的知识。之后教师对一些难点知识进行针对性讲解，鼓励学生做好反思。教师须加强引导，多与学生沟通交流，以提高反思效果、确保教学质量。

在大学数学教学中，由于数学知识具有一定的复杂性，一些教师又不注重与学生进行沟通和交流，致使学生的学习积极性不高，难以确保学习效果。问题驱动模式能够激发学生的学习热情，促进学生的自主学习。因此，教师可结合实际情况对问题驱动模式进行合理应用，并加强指导，及时帮助学生解决各类数学问题，以提高学生的数学水平，确保教学效果。

第六节　校企合作背景下大学数学教学模式

在校企合作背景下，为了促进大学数学发展，满足企业需求和时代发展，大学数学专业院校需加快改革原有教学模式，以此为时代与企业培养创新型应用人才。本节将从三个方面，对校企合作背景下关于大学数学教学模式的改革进行思考，希望能对我国各大学数学专业院校有所帮助。

对于大学数学，其一直是我国的重要学科，发挥着重要作用，尤其是对其他学科课程的学习，影响至关重要，如大学数学中的函数可为计算机信息学习奠定基础。此外，再加上大学数学一直是我国科研技术、社会科学、自然科学、工程技术科学研究的重要基础，所以对我国社会进步、企业发展格外重要。总之，随着大学数学对我国科学研究的作用越来越明显，为了进一步促进科学发展和企业进步，大学数学教学模式就必须创新改革，以此满足时代需求。如今虽然我国已经在进行大学数学教学改革尝试，但改革程度仍不理想，尤其是教学内容和模式上几乎没什么变化。现阶段，随着校企合作模式的不断深入，为了进一步加快大学数学改革，满足时代教学需求，大学数学专业院校应抓住校企合作机遇，制订教学计划，规划培训方案，利用校企合作加强学生培养，以及教学创新，以此满足新时代下大学数学模式改革发展和综合型人才培养。同时，企业也可根据校企合作，增强企业管理，加深企业科学研究，为企业进一步发展注入优秀年轻人才。

一、校企合作背景下关于大学数学教学模式改革的必要性

（一）社会的进步需求

现阶段随着时代的不断发展、科技的不断进步，社会对人才的需求逐步加大，如社会信息发展需要网络综合型专业人才、社会建筑发展需要土木综合型专业人才等。换句话说，原来社会对人才的需求只限制于学校专业程度，但如今随着时代的不断变化，社会对人才的需求不再只限制学校专业，而是向综合型人才发展。同时，校企合作背景下，企业可为大学数学专业学生提供实践平台，缓解社会就业压力，并且可提升学生专业应用能力，保障社会人才所需。因此，面对社会发展，大学数学专业院校必须把握校企合作机遇，改革原有教学模式，增加学生的实践专业性以及综合能力，以此满足社会进步需求。

（二）企业的发展需求

面对新时代的发展，企业如果想要进步离不开人才需求，尤其是对于急需大学数学专业人才的特殊企业，这种需求更为严重。而校企合作模式下大学数学教学改革，能充分解决企业人才所需，实现学校进一步提升和企业进一步发展。比如校企合作背景下，企业可通过与学校合作，获得优秀员工，补充企业人才队伍建设，可不再费时费力利用招募或自己培养而获得专业员工，影响企业发展。并且，校企合作背景下，企业可根据学校所需，构建对口平台，为学校提供实习岗位，锻炼学生专业实践能力，填补企业岗位空缺。同时，企业还可与学校构建科研团队，如面对大学数学专业难题，可与相关企业人员共享研究课题、攻克难关，从而促进企业科技进步和学校专业巩固，实现企业与学校共同发展。

（三）学生的发展需求

对于大学数学专业学生，其在学校学习的最终目标即为步入社会走向岗位，完成就业，而校企合作模式可提升学生就业率，提高学生专业能力，加快完成学生就业。如校企合作模式下，学生可通过学校与企业的合作，提前进入合适岗位实习，实现专业知识实践化，从而了解新时代下企业所需人才标准，细化自我专业知识。并且，学生可边实习边学习，补全自我专业能力所存在的短板，明确未来规划，实现人生价值，促进自己进一步发展。

（四）教师的教学需求

校企合作背景下，由于企业与学校的合作不断加深，企业对学生的要求逐步提高，

所以就需教师根据企业要求提高自我专业水平,完善教师教学质量,提高学生专业素质。如教师可根据大学数学专业知识规划侧重点,提升学生专业知识的掌握,补缺专业短板。同时,教师可与企业优秀人才建立沟通,根据学生实际学习情况,共商教学方法,创新教学内容,以此实现企业人才所需,满足学校教学发展。

二、校企合作背景下关于大学数学教学模式改革过程中存在的主要问题

(一)学校教师教学僵硬

目前,随着科学技术的不断进步,企业对人才的要求更为严格,尤其是校企合作模式下企业对人才专业能力知识方面的要求更为苛刻。所以在此趋势下,我国大学数学专业院校,多数教师存在教学水平不足、难以满足企业要求等问题,尤其是对大学数学专业重点部分,存在教学僵硬现象,严重影响学生对大学数学专业知识的掌握以及学习大学数学的兴趣。因此,针对这种情况,大学数学专业院校应该联合企业优秀人才,进校培训或共商教学方式,以此提高教师专业水平,优化原有教学。

(二)教育的内容体系没有更新性,基本内容一成不变

对于时代发展,企业要想紧跟时代潮流,就要抓紧校企合作机遇,吸收优秀专业人才,更新企业技术,创新企业发展。但当下,在校企合作背景下,我国多数学校教育程度跟不上企业发展,满足不了企业人才需求,尤其是大学数学专业下的特殊企业。现阶段,我国大部分大学数学专业院校教育体系过于传统,内容过于老化,如面对新时代发展、科技进步,大学数学专业内容应逐年增加,教学课时应相应增多,但现实却恰恰相反,这就造成当下大学数学专业教育困难,报考人数减少,以及教师教学困难,学生专业知识掌握不全,培养出的学生人才难以满足企业发展和时代要求,从而致使企业与学校沟通甚少,人才需求量逐年减少,校企合作模式在大学数学院校发展缓慢。

(三)以应试教育为主要模式的教育方式

从古至今,无论承认与否,我国多数教育都存在严重的应试教育现象,这严重影响校企合作模式下,企业与学校多层次沟通,大学数学专业也不例外。对于大学数学专业,我国多数院校仍以应试教育为主,如以灌输教学技巧、侧重考试知识培训等为重点,忽视学生专业能力培养、企业要求化训练,养成学生以应付考试而学习的习惯,日常不努力,考试加班点,从而造成学生专业知识掌握不够、专业技能实践不牢,难以满足企业专业岗位需求和企业人才要求。所以,面对校企合作模式的发展,大学数学专业院校应改革原有教学模式,摒弃以应试教育为主的教学方式,树立正确教学目标,

规划原有教学内容，尤其是对一些大学数学专业部分的重点，如泰勒公式、无穷极等，从而培养学生良好的学习习惯，帮助学生熟练掌握专业知识，以此适应企业岗位要求，促进企业与学校共同发展。

（四）企业需求变化速度快

校企合作背景下，除了我国大学数学专业院校存在教学问题外，相关企业也存在诸多问题。如随着目前我国经济实力的不断增加，企业需求日益变化，严重阻碍了学校的人才输送和教学培养，减缓了校企合作的发展脚步，尤其对于大学数学专业的科技企业。面对科学技术一年又一年的变化，我国企业必须加快对大学数学专业的需求变化，以此满足时代所需，这就致使大学数学专业院校人才要求必须逐年变化，教学方式必须逐年创新。同时，对于不容改变的需求变化，企业必须加深与学校之间的沟通，切实把每次需求变化交流到位，以此让学校有足够时间完善大学数学专业人才培训计划和教学内容，缓解学校压力，促进校企合作深入发展。

三、校企合作背景下关于提高大学数学教学模式改革措施

（一）制定专业需求，修订教学大纲

校企合作背景下，由于大学数学课程分支较多，知识面涵盖较广，所以教师要根据企业需求，针对学生未来规划，修订教学大纲以及制定专业化课程，以此满足企业需求和学生发展。如对于大学数学专业中机械工程课程，教师可依据近些年企业岗位需求，着重锻炼学生的空间想象思维，调整曲面积分、曲线等重点教学内容。而对于大学数学专业中的计算机信息技术课程，教师可依据科技企业人才所需，利用计算机讲解函数内容，从而锻炼学生计算机语言的掌握能力。

（二）对于教育教学目标的根本性改变

面对我国目前的应试教育，高等教育教学要紧抓校企合作机遇，创新原有教学模式，改变教育教学目标。大学数学属于我国科技领域的基础课程，也是其他专业的辅助课程，所以，大学数学教学目标是以培养学生数学素养、自主思考、多角度看问题等多种能力为主，而不是以传授考试技巧、考试内容等应试教育内容为主导。校企合作背景下，大学数学专业院校可与企业进行沟通，构建教学平台，不定时利用企业实地内容对学生进行知识传授，如对于大学数学中的函数问题，可利用企业相关设备对学生进行专业教导，以此，激发学生学习积极性，培养学生数学意识，改变原有应试教育方式。总之，大学数学是培养学生数学思维、科学意识的重要课程，虽然应试教育可提高学生专业知识，但对学生思维和专业能力的培养大大削弱，所以面对校企合作模式，大

学数学专业院校要学会利用企业资源，改变原有教育教学目标，运用企业相关专业提高学生数学能力。

（三）培养应用能力，推动学生实践

对于大学数学专业，目前我国多数院校过于偏向理论知识学习，忽视专业能力实践培养，以及应用能力锻炼，从而造成多数大学数学专业学生知识与现实脱节、专业实践能力较低、眼高手低、只会纸上谈兵等问题。校企合作背景下，大学数学专业院校可充分利用企业设备或岗位，对学生进行培训和锻炼，如面对大学数学的知识辨析，教师可提前与企业进行沟通，寻找合适教学内容，从而根据企业实际案例，或企业机械模型，对学生进行内容教学和实践教学，以此加深学生大学数学教学内容以及应用能力培养。当下，随着我国的高速发展，我国对人才的需求已经逐渐偏向应用型，所以面对这种趋势，大学数学专业院校应把握校企合作模式，改革原有教学模式，创新教学方式，推动学生加深实践，造就应用型人才，满足时代所需。

（四）借助应用软件，提升自学效果

国家发展离不开科技创新，而教育发展离不开网络创新。面对新时代的网络发展，大学数学专业院校应改革原有教学模式，借助应用软件，检查学生知识短板，提升教学效率。校企合作背景下，大学数学专业院校可借助企业网络平台，对学生进行专业知识教育，或专业知识考核，以此检查学生的知识掌握程度，寻找知识短板。同时，学生也可借助网络软件进行自主学习和知识考核，提前锻炼自我岗位能力。比如，可利用"慕课"平台加强校企合作和对话，创新大学数学教学模式。一方面，"慕课"平台的打造可提高大学数学教学效率，完善原有教学模式和评价机构，还可调动学生积极性，增强学生自主学习能力；另一方面，"慕课"平台可把新时代网络与大学数学教学内容相结合，可加强学生以及教师信息技术的运用，同时也可推动企业与学校科研项目的合作，帮助学校培养创新型应用人才，协助企业再创专业高度。

（五）鼓励企业参与教育、参与兼职教师队伍的建设

针对校企合作，虽然其可为学校和企业带来利益，但也存在诸多问题影响双方发展，如当企业急需与校方合作，而校方却不想与企业合作时，企业与校方无法建立合作，将严重影响双方发展。因此，要想在校企合作背景下促进大学数学教学模式改革，就要鼓励企业参与教育、参与兼职教师队伍建设，加强企业与学校的沟通。具体为，首先企业可根据自身专业需求，向大学数学专业院校提供兼职教师。一方面可提高员工专业能力，带动企业发展；另一方面可潜移默化地培养企业人才，以便未来给企业提供新鲜血液。其次，当地政府可依据校企合作政策，为企业和学校提供帮助。最后，

大学数学专业院校可利用企业专有设备，加强自身教师专业技能培养和学生实践能力锻炼，以此达到双赢局面。

综上所述，面对校企合作模式的深入发展，要想促进大学数学教学模式的改革，除了制定专业需求，修订教学大纲、借助应用软件，提升自学效果，鼓励企业参与教育，参与兼职教师队伍的建设等外，还必须注重相关法律法规的保障，以此为校企合作背景下大学数学教学模式改革提供理论基础。总之，新时代下，大学数学专业院校要把握校企合作机遇，抓紧改革教学模式，从而满足时代需求，为企业提供专业人才。

第七节　基于数学文化观的大学数学教学模式

在大学数学的教学改革中，教学模式的研究是一个热门话题，许多大学数学教育工作者都对大学数学教学模式进行了大量的探索和研究。但对大学数学教育，人们只重视其工具性价值，而忽略了数学的文化教育价值。本节就是要把大学数学教育提高到数学文化教育的层面，不仅重视数学知识的传授、数学技能的训练、数学能力的培养，而且使数学文化与数学教育相结合，最终目的是提高学生数学素养，为学生的终身学习和可持续发展奠定良好的基础。

高等院校肩负着培养21世纪具有过硬的思想素质、扎实的基础知识、较强的创新能力的新型人才的重任。大学数学在不同学科、不同专业领域中所具有的通用性和基础性，使之在高等院校的课程体系中占有重要的地位。大学数学所提供的思想、方法和理论知识不仅是大学生学习后续课程的重要工具、培养学生创造能力的重要途径，同时也能为学生终身学习奠定坚实的基础。随着高等院校招生规模的不断扩张，学生的基础较以前有明显的下降，导致学生对理论性很强的大学数学课程学习出现许多不尽如人意的地方，这不仅与学生的基础薄弱有关，也与传统的教学模式有很大关系。建构数学文化观下的大学数学教学模式，将数学文化有机融入大学数学教学中，形成相适应的模式体系，不仅使学生获得数学知识、提高数学技能、提高学生数学素养，还为学生的终身学习和可持续发展奠定良好的基础。

一、数学文化与数学文化观下的教学模式

（一）数学文化

文化视角的数学观就是视数学为一种文化，并且在数学与其他人类文化的交互作用中探讨数学的文化本质。在数学文化的观念下，数学思维不单单是弄懂数量关系、

空间形式，而且是一种对待现实事物的独特的态度，是一种研究事物和现象的方法；在数学文化的观念下，那种把数学知识与数学创造的情境相分离的传统课程教学方式将会被摒弃；在数学文化的观念下，数学教学不再把数学当作孤立的、个别的、纯知识的形式，而是将其融入到整个文化体系结构当中。总之，数学作为一种文化，可使数学教育成为造就培养下一代、塑造新人的有力工具。

目前，数学作为一种文化现象已经得到广泛认同，但是，迄今为止，"数学文化"还没有一个公认的贴切定义，很多专家学者都从自己的认识角度论述数学文化的含义。从课程理论的角度来理解数学文化，数学文化是指人类在数学行为活动的过程中所创造的物质产品和精神产品。物质产品是指数学命题、数学方法、数学问题和数学语言等知识性成分；精神产品是指数学思想、数学意识、数学精神和数学美等观念性成分。数学文化对人们的行为、观念、态度和精神等有着深刻影响，它对提高人的文化修养和个性品质起着重要作用。

（二）数学文化观下的教学模式

在数学文化的观念下，数学教育就是一种数学文化的教育，它不仅仅强调数学文化中知识性成分的学习，而且更注重其观念性成分的感悟和熏陶。数学文化观下的数学教育肩负着学生全面发展的重任，它通过数学文化的传承，特别是数学精神的培育，来塑造学生的心灵，从而最终达到提高学生数学素养的目的。但长期以来，人们总是把数学视为工具性学科，数学教育只重视数学的工具性价值，而忽略了数学的文化教育价值。到目前为止，大学数学教学仍采用以知识技能传授为主的单一教学模式，即把数学教育看作科学教育，主要强调数学基本知识的学习和基本计算能力的培养，缺少对数学文化内涵的揭示，缺少对学生数学精神、数学意识的培养。

数学文化观下的教学模式是一种主要基于数学文化教育理论，以数学意识、数学思想、数学精神和数学品质为培养目标的教学模式。构建数学文化观下的教学模式，就是为了使教师教学有章可循，更好地推广数学文化教育。

二、对大学数学传统教学模式的反思

（一）大学数学现代教学模式回顾

我国在不同的历史时期，教学形式各有不同。新中国成立以来，大学数学教育教学模式经历了多次改革的浪潮。新中国成立初期，受苏联教育家凯洛夫教育理论的影响，数学课堂教学广泛采用的是"组织教学 – 复习旧课 – 讲授新课 – 小结 – 布置作业"五环节的传统教学模式，很多教学模式都是在它的基础上建立起来的。20世纪80年代，开始了新一轮大学数学教学方法的改革，这一时期教学模式的改革主要以重视基础知识的学习和基本能力的培养为主流，并带动了其他有关教学模式的研究与改革。近年来，随着现代技术的进步和大学数学教学改革的不断深入，对大学数学教学模式的研究和改革呈现出生机勃勃的景象。从问题的解决到开放性教学、从创新教育到研究性学习、从大学数学思想和方法的教学到审美教学等，大学数学教学思想、方法和教学模式呈现出多元化的发展态势。现在比较提倡的教学模式有：数学归纳探究式教学模式；"自学－辅导"教学模式；"引导－发现"教学模式；"情境－问题"教学模式；"活动－参与"教学模式；"探究式教学模式"等。研究这些教学模式，能够学习和借鉴它们的研究思想和方法，为本节基于数学文化观的大学数学教学模式的建构提供方法论支持。

1. "自学－辅导"教学模式，是指学生在教师指导下自主学习的教学模式。这一模式的特点不仅体现在自学上，而且体现在辅导上，学生自学不是要取消教师的主导作用，而是需要教师根据学生的文化基础和学习能力，有针对性地启发、指导每个学生完成学习任务。"自学—辅导"教学模式能够使不同认知水平的学生得到不同的发展，充分发挥学生各自的潜能。当然，这一教学模式也有其局限性：首先，学生应当具备一定的自学能力，并有良好的自学习惯；其次，受教学内容的限制；最后，还要求教师有较强的加工、处理教材的能力。

2. "引导－发现"教学模式，主要是依靠学生自己去发现问题、解决问题，而不是依靠教师讲解的教学模式。这一教学模式下的教学特点是：学习成为学生在教学过程中的主动构建活动而不是被动接受；教师是学生在学习过程中的促进者而不是知识的授予者。这一教学模式要求学生具有良好的认知结构；要求教师要全面掌握学生的思维和认知水平；要求教材必须是结构性的，符合探究、发现的思维活动方式。运用这一教学模式就能使学生主动参与到大学数学的教学活动中，使教师的主导作用和学生的积极性与主动性都得到充分的发挥。

3. "情境－问题"教学模式，该模式经过多年的研究，形成了设置数学情境、提出数学问题、解决数学问题、注重数学应用的较稳定的四个环节的教学模式。该模式的四个环节中：设置数学情境是前提；提出数学问题是重点；解决数学问题是核心；应用数学知识是目的。运用这一模式进行数学教学，要求教师采取以启发式为核心的灵活多样的教学方法，学生应采取以探究式为中心的自主合作的学习方法，其宗旨是培养学生创新意识与实践能力。

4. "活动－参与"教学模式，也称为数学实验教学模式，就是从问题出发，在教师的指导下，进行探索性实验，发现规律、提出猜想，进而进行论证的教学模式。事实上，数学实验早已存在，只是过去主要局限于测量、制作模型、实物或教具的演示等，较少用于探究、发现问题、解决问题等。现代数学实验是以数学软件的应用为平台，结合数学模型进行教学的新型教学模式。该模式更能充分地发挥学生的主体作用，有利于培养学生的创新精神。

5."探究式教学模式"，探究式教学模式可归纳为"问题引入 – 问题探究 – 问题解决 – 知识建构"四个环节。探究式教学模式是把教学活动中教师传递、学生接受的过程变成以问题解决为中心、探究为基础、学生为主体的师生互动探索的学习过程。目的在于使学生成为数学的探究者，使数学思想、数学方法、数学思维在解决问题的过程中得到体现和彰显。

（二）对大学数学传统教学模式的反思

1. 教学目标单一

回顾我国大学数学传统教学模式可以发现：其主要的教学目标是知识与技能的培养，重视大学数学知识的传授多，与实际联系得少；关注学生数学知识点的学习，忽视学生数学素质的培养；强调老师的主导作用多，学生参与得少，使学生完全处于被动状态，不利于激发学生的学习兴趣。这不符合数学教育的本质，更不利于培养学生的创新意识和文化品质。

2. 人文关怀失落

我们不能否认，传统的大学数学教学模式有利于学生基础知识的传授和基本技能的培养，在这种课堂教学环境下，由于太过重视大学数学知识的传授，师生的情感交流就很缺乏，不仅学生的情感长期得不到关照，而且学生发展起来的思想常是惰性的，因而体会不到知识对经验的支撑。这就可能滋生对大学数学学习的厌恶情绪，导致学生对数学学科日益疏离，也导致了一些学生缺乏人文素养、创新素质的理性人格。在这种数学课堂教学中，教师始终占据主导地位，尽管也强调教学的启发性以及学生的参与，但由于注重外在教学目标以及教学过程的预设性，很少给教学目的的生成留有空间。课堂始终按照教师的思路在进行，这种控制性数学教学是去学生在场化的教学行为，在这样的课堂上，人与人之间完整的人格相遇永远退居知识的传递与接受之后。这无疑在一定程度上造成数学课堂教学中人文关怀的失落。

3. 文化教育缺失

大学数学文化知识不仅使学生了解数学的发展和应用，而且是学生理解数学的一个有效途径，从而提升学生的数学素质。数学素质是指学生学习了大学数学后所掌握的数学思想方法、形成的逻辑推理的思维习惯、养成的认真严谨的学习态度及运用数学来解决实际问题的能力等。传统的大学数学教育过于注重传授知识的系统性和抽象性，强调单纯的方法和能力训练，忽略了数学的文化价值教育，对数学的发现过程以及背后蕴藏的文化内涵揭示不够，忽视了给数学教学创造合理的有丰富文化内涵的情境，缺少对学生数学文化修养的培养，致使学生数学文化素质薄弱。

三、基于数学文化观的大学数学教学模式的思考

（一）基于数学文化观的大学数学教学目标

数学是推动人类进步最重要的学科之一，是人类智慧的集中表达。学习数学的基础知识、基本技能、基本思想自然是数学教育目的的必要组成部分。数学的发展不同程度地植根于实际的需要，且广泛应用于其他很多领域，所以，数学的应用价值也是教育目的的一个重要组成部分。数学教育的目的还有锻炼和提高学生的抽象思维能力和逻辑思维能力，使学生思维清晰、表达有条理。实现科学价值是数学教育一直不变的目标，但并不是唯一目标。数学的人文价值也是数学教育不可忽视的重要内容。在数学教育中，我们不仅要关心学生智力的发展，鼓励学生学会运用科学方法解决问题，而且要关注培养有情感、有思想的人。同时，数学文化能够提升人的精神。通过学习数学文化，能够培养学生正确的世界观和价值观，发展求知、求实、勇于探索的情感和态度。

因此，笔者认为基于数学文化观的大学数学教育，就是要将其科学价值与人文价值进行整合。在数学文化教育的理论指导下，基于"数学文化观的大学数学教学模式"的教学目标为：以学生为基点，以数学知识为基础，以育人为宗旨，在传授知识、培育和发展智力能力的基础上，使学生体验数学作为文化的本质，树立数学作为一种既普遍又独特的与人类其他文化形式同等价值地位的文化形象，最终使学生达到对数学学习的文化陶醉与心灵提升，最终实现数学素质的养成。

（二）基于数学文化观的大学数学教学模式的构建

分析上述大学数学教学模式发现，虽然现代教学模式已经打破了传统教学模式框架，但学生的情感态度、数学素质的培养不是其主要教学目标。学习和研究现代教学模式的研究思想和方法，使笔者认识到构建数学文化观下的大学数学教学模式，并不意味着对传统的教学模式的彻底否定，而是对传统的教学模式进行改造和发展。这是因为数学知识是数学文化的载体，数学知识和数学文化二者的教育没有也不应该有明确的分界线，因此数学知识的学习和探究是数学教学活动的重要环节。立足于对数学文化内涵的理解，围绕基于数学文化观的大学数学教学目的，通过对大学数学教学模式的反思和借鉴，笔者逐步从多年的教学实践中归纳形成了"经验触动 — 师生交流 — 知识探究 — 多领域渗透 — 总结反思"的教学模式。这一教学模式就是在教与学的活动过程中充分渗透数学文化教学，教师活动突出表现为呈现 — 渗透 — 引导 — 评述；学生活动突出表现为体验 — 感悟 — 交流 — 探索。

（三）对本模式的说明

（1）经验触动。学生的经验不仅是指日常的生活经验，还包括数学经验。数学经验是学习数学知识的经历、体验。要触动学生的日常生活经验和数学经验，教学中就要注重运用植根于文化经脉的数学内容设置教学情境，使学生从数学情境中获取知识、感受文化，促进数学理解，激发学生的学习兴趣和探究欲望。

（2）师生交流是指师生共同对数学文化进行探讨。数学文化教育的广泛性、自主探索与合作交流学习方式都要求师生之间保持良好的沟通。严格来说，"师生交流"不仅指教师和学生的交流，也包括学生和学生的交流。师生交流是模式实施的重点，当然，师生交流不会停留在这个环节，它会充斥于之后的整个课堂教学中。

（3）知识探究是数学文化教学的必要环节。数学知识是数学文化的载体，二者是相互促进、相互影响的。在感受数学文化的同时，对相关数学知识进行提炼、学习，就是从另一个角度学习和领悟数学文化，是对数学文化教育的一种促进。

（4）多领域渗透是指教师跨越当前的数学知识和内容，不仅建立和其他数学知识的内部联系，而且能够拓展教学内容，将之渗透到其他学科的各个领域，使学生感受数学与数学系统之外领域的紧密联系，从而使学生深刻地感悟到数学作为人类文化的本质。

（5）总结反思就是对整堂课做回顾总结，加深学生对所学数学知识的理解，加深学生对所体会的数学文化的印象，也为下次的数学学习积累经验，开创创新源泉。

本教学模式是一种主要基于数学文化教育理论，以数学意识、数学思想、数学精神、数学品质为教学目标的教学模式。数学文化氛围浓厚的课堂、数学素养丰富的教师、学生学习方式的转变都是模式实施的必要条件。

四、大学数学教学模式的超越和升华

在进行大学数学的教学设计和教学过程中，具有教学模式意识是对现代教师应有的基本要求，而对教学模式的选择，不是满足个人喜好的随意行为，而是根据教学对象和教学内容合理选择的结果。根据教学对象和教学内容选择适当的教学模式，也不是生搬硬套、将某种教学模式简单地移植到教学中、将教学模式"模式化"、使教学模式变成僵死的条条框框。对教学模式的改造、创新和超越，才是创新教育的本质。

大学数学的课堂教学是一个开放的教学系统，课堂活动中学生的任何微小变化或不确定的偶然事件的发生，都可能导致课堂教学系统的巨大变化，这就需要教师实时、恰当地对教学方案做出调整。教学过程中的这种不确定性表明，教师需要运用教学模式组织教学，但更要超越教学模式。在教学过程中能灵活运用教学模式，并超越教学模式便是成熟、优秀的数学教师的重要标志。因此，成功的选择、组合、灵活运用教学模式，不受固定教学模式的制约，超越教学模式，走向自由教学，最终实现"无模式化"教学，就是优秀的大学数学教师追求的最高境界。

第三章 新时代背景下大学数学教学方法研究

第一节 大学数学中案例教学的创新方法

新时期教育对教育质量和教学方法提出了越来越高的要求，高校的教育理念不断更新、教学方法不断发展。大学数学作为高校重要的必修基础课，可以培养学生的抽象思维和逻辑思维能力。目前学生学习大学数学的积极性较低，对此，教师可以应用案例教学法，该方法灵活、高效、丰富，能充分提升学生的主观能动性和积极性，增强其分析问题和解决实际问题的能力，培养学生的创新思维，实现新时期创新人才培养目标。本节就大学数学中案例教学的创新方法展开论述。

一、大学数学案例教学的意义

案例教学是一种以案例为基础的教学方法。教师在教学中发挥设计者和激励者的作用，鼓励学生积极参与讨论。大学数学案例教学是指在实际教学过程中，将生活中的数学实例引入教学，运用具体的数学问题进行数学建模。高校大学数学教育过程的最终目标是提高学生的实践意识、实践技能和开创性的应用能力。在数学教学中引入案例教学打破了以理论教学为主的传统数学教学方法，取而代之的是，数学的实用性是其核心，尊重学生自主讨论的数学教学理念。

案例教学法在大学数学教育中的运用，弥补了我国教师传统教学方法的不足，将数学公式和数学理论融入实际案例，使之更具现实性和具体性。让学生在这些实际案例的指导下，理解解决实际问题的数学概念和数学原理。案例教学法还可以提高大学生的创新能力和综合分析能力，使大学生很好地将学习的知识融入现实生活。此外，案例教学法还可以提高教师的创新精神。教师通过个案研究获得的知识是内在的知识，能在很大程度上把"不安全感"的知识融入教育教学。它有助于教师理解教学中出现的困境，掌握对教学的分析和反思。教学情境与实际生活情境的差距大大缩小，案例的运用也能促使教师更好地理解数学理论知识。

二、大学数学案例教学的实施

案例教学法在大学数学教学中的应用，不仅需要师生之间的良好合作，而且需要教师有计划地进行案例教学的全过程，以及在不同实施阶段的相应教学工作。在交流知识内容之前，教师应该先介绍一下，并且可以深化案例，让学生更好地了解相关知识。案例深化了主要内容，使学生更好地理解讲座内容。在此基础上，引导学生将定义和句子扩展到更深层次。提前将案例材料发给学生，让学生阅读案例材料、核对材料和阅读材料，收集必要的信息，积极思考案例中问题的产生原因和解决办法。

案例教学的准备，包括教师和学生的准备。教师根据学生的数学经验和理论知识，编写数学建模案例。在应用案例研究法时，首先概述案例研究的结构和对学生的要求，并指导学生组成一个小组。其次，学生应具备教师所具备的数学理论知识。教学案例的选择要紧密联系教学目标，尊重学生对知识的接受程度，最终为数学教学找到一个切实可行的案例。教学案例的选择和设计应考虑到这一阶段学生的数学技能、适用性、知识结构和教学目标。通常理论知识是抽象的，这些知识、概念或思想是从特定的情况中分离并以符号或其他方式表达出来的。在应用案例教学法时，应注意教学内容和教学方法，强调数学理论内容的框架性，计算部分可由计算机代替。例如，在极限课程的教学中，应强调来源和应用的限制，而不强调极限的计算。

三、大学数学案例教学的特点

（一）鼓励独立思考，具有深刻的启发性

在教学中，教师指导学生独立思考、组织讨论和研究、做总结。这项个案研究能刺激学生的大脑，让注意力随时间调整，有利于保持最佳的精神状态。传统的教学方式阻碍了学生的积极性和主动性，而案例教学则是让学生思考和塑造自己，使教学充满生机和活力。在进行案例研究时，每个学生都必须表达自己的观点，分享这些经历。一是取长补短，提高沟通能力；二是起到激励作用，让学生主动学习，努力学习。案例教学的目的是激发学生独立思考和探索的能力，注重培养学生的独立思考能力，启发学生发展一系列分析和解决问题的思维方式。

（二）注重客观真实，提高学生实践能力

案例教学的主要特点是直观性和真实性，由于课程内容是一个具体的例子，所以它呈现一种形象、直观生动的形式，向学生传达一种沉浸感，便于学习和理解。学生根据所学的知识得出自己的结论。学生将在一个或多个具有代表性的典型事例的基础

上，形成完整严谨的思维、分析、讨论、总结方式，提高分析问题、解决问题的能力。众所周知，知识不等于技能，知识应该转化为技能。目前，大多数大学生只学习书本知识，忽视了实践技能的培养，这不仅阻碍了自身的发展，也使得将来很难进入职场。案例研究就是为这个目的而诞生和发展的。在校期间，学生可以解决和学习许多实际的社会问题，从理论转向实践，提高学生的实践技能。

大学数学案例教学运用数学知识和数学模型解决实际问题，案例教学法在大学数学教学中的应用，充分发挥了学生的主观能动性，能有效地将现实生活与大学数学知识结合起来，从而使学生在学习过程中获得更好的学习效果，提高大学数学的教学质量。案例教学可以创设学习情境，激发学生学习数学的兴趣，提高学生的实践能力和综合能力，促进学生的创新思维，实现新时期培养创新人才的目标。

第二节　素质教育与大学数学教学方法

在人才培养过程中着力推进素质教育，培养全面发展的优秀人才和杰出人才，关键要深化课程与教学改革，创新教学观念、教学内容、教学方法，着力提高学生的学习能力、实践能力、创新能力。其实质就是强调将单一的应试教育教学目标转变为素质教育开放多元的教学目标，以提高学生的创新实践能力。大学数学作为普通高等院校的一门基础必修课程，其在课程体系中占有非常特殊而重要的地位，它所提供的数学思想、数学方法、理论知识不仅是学生学习后继课程的重要工具，也是培养学生创造能力的重要途径。这就要求大学数学教学更新教育观念，改革教育方法，突破传统大学数学教学模式的束缚，适应现代素质教育的要求，从而培养出具有高数学素质的卓越人才。

一、改革传统的讲授法，探索适应素质教育需要的新内容和新形式

由于各方面原因的存在，目前大学数学课堂教学仍采用"灌输式"的传统讲授教学方法，课堂上以教师的讲解为主，主要讲概念、定理、性质、例题、习题等内容，而以学生的学习为辅，跟随教师抄笔记、套公式、背习题。学生在教学活动中的主体地位被忽视，被动地接受教师讲授的内容，完全失去了学习的积极性和主动性，无法培养学生的创新思维和创新能力，与素质教育的目标背道而驰。但由于大学数学的知识大多是一些比较抽象难懂的内容，学生的学习难度较大，学生对大学数学的基础理论的把握以及对基本概念定理的理解离不开教师的讲解，因此讲授式的教学方法在我

们的教学实践中起着相当重要的作用，这就要求我们必须肯定讲授式的教学方法在大学数学教学中的应用并对其进行必要的革新，使其符合素质教育培养目标的需要。

（一）优化教学内容，制定合理的教学大纲，为讲授法提供科学的理论体系

大学数学是笔者所在院校工科类专业学生学习的一门公共基础课程，根据笔者所在院校学生的生源情况及各专业学生学习的实际需求，在保持内容全面的同时，优化教学内容，对其进行适当的选择和精简，制定了符合各工科类专业需求的科学合理的教学大纲，并建立了符合素质教育要求的大学数学课程体系，力求使学生能够充分理解和系统掌握大学数学的基本理论及其应用。为此，我们将大学数学分为四类，即大学数学 A 类、大学数学 B 类、大学数学 C 类和大学数学 D 类，其总学时数分别为 90 学时、80 学时、72 学时和 70 学时，教学内容的侧重点各不相同。如此制定的教学大纲适应高等教育发展的新形势，适合笔者所在院校教学实际情况，有利于提高学生的数学素质，培养学生独立的数学思维能力。

（二）运用通俗易懂的数学语言来讲授相对抽象的数学概念、定理和性质

教学过程中，学生学习大学数学的最大障碍就是对大学数学兴趣的弱化。开始学习大学数学时，大部分学生都以积极热情的态度来认真学习，但在学习的过程中，当遇到相对抽象的数学概念、定理和性质时，就会失去热情、产生挫折感，甚至有一少部分学生因而丧失学习大学数学的兴趣。因此，为了激发学生学习大学数学的兴趣，我们可以把抽象的理论用通俗易懂的语言表述出来，将复杂的问题进行简单的分析，这样学生理解起来就相对容易一些，从而使讲授法获得更好的效果。

（三）利用现代化的教学手段，创新讲授法的形式

长久以来，大学数学的教学过程一直都是"一块黑板＋一支粉笔"的单一的教师讲授方式，这种教学方法使学生产生一种错觉，认为大学数学是一门枯燥乏味、抽象难懂、与现实联系不紧的无关紧要的学科，致使学生不喜欢大学数学，丧失了对数学的学习兴趣。那么如何培养学生的学习兴趣，提高学生的数学文化素养，进而提高教学质量呢？这就需要我们在不改变授课内容的前提下，运用现代化的教学手段，以多媒体教室为载体，实现现代教育技术与大学数学教学内容的有机结合，使学生获得综合感知，摆脱枯燥的课本说教，使课堂教学变得生动形象、易于接受，进而提高学生学习的主动性。

二、运用实例教学缩短大学数学理论教学与实践教学的距离

讲授法作为大学数学教学的主要方式，有其合理性和必要性。但是讲授法也有一定的弊端，容易造成理论和实践的脱节。因此，在强调讲授法的同时，必须辅之以其他教学方法来弥补其不足，以适应素质教育对大学数学人才培养目标的需要，实例教学法就是比较理想的选择。

（一）实例教学法的基本内涵及特点

所谓实例教学法就是在教学过程中以实例为教学内容，对实例所提出的问题进行分析假设，启发学生对问题进行认真思考，并运用所学知识做出判断，进而得到答案的一种理论联系实际的教学方法。

与传统的讲授法相比，实例教学法具有自己独具一格的特点。实例教学法是一种启发、引导式的教学方法，改变了学生被动地接受教师所讲内容的状况，将知识的传播与能力培养有机地结合起来。实例教学法可以将抽象的数学理论应用到实际问题中，学生可以充分地认识到这些知识在现实生活中的运用，从而深刻理解其含义并牢固掌握其内容。激发学生的学习兴趣，活跃课堂气氛，培养学生的创造能力和独立自主解决实际问题的能力，是一种帮助学生掌握和理解抽象理论知识的有效方法。

（二）实例教学法在大学数学教学中的应用及分析

实例教学法融入大学数学教学中的一个有效方法是在教学过程中引入与教学内容相关的简单的数学实例，这些数学实例可以来自实际生活的不同领域，解决这些具体问题，不仅能够让学生掌握数学理论，而且能够提高学生学习数学的兴趣和信心。

下面我们通过一个简单的实例说明如何把实例教学融入到大学数学的教学之中。

实例：函数的最大值最小值与房屋出租获得最大收入问题。函数的最大值最小值理论的学习是比较简单的，学生也很容易理解和掌握，它的思想和方法在现实生活中也有着广泛的应用。例如，光线传播的最短路径问题、工厂的最大利润问题、用料最省问题以及房屋出租获得最大收入问题，等等。

我们在讲到这一部分内容时，可以给学生一个具体实例。例如，一房地产公司有50套公寓要出租，当月租金定为1000元时，公寓会全部租出去，当月租金每增加50元时，就会多一套公寓租不出去，而租出去的公寓每月需花费100元的维修费，试问：房租定为多少可以获得最大收入？此问题贴近学生的生活，能够激发学生的学习兴趣，调动学生解决问题的积极性和培养学生独立创新的能力。在教学过程中，我们首先给学生启发和暗示，然后由学生自己来解决问题。此时学生对解决问题的积极性很高，大家在一起讨论、想办法、查资料，不但出色地解决了问题、找到了答案，而且在这

一系列的活动中，学生对所学的知识有了更深入的理解和掌握，教师得到了事半功倍的教学效果。可见，实例教学法在大学数学的教学中起到了举足轻重的作用。

结合素质教育的要求和高校大学生对学习大学数学的实际需要，通过多种教学方法的综合运用，多方面培养学生数学的理论水平和实践创新能力，使学生的数学素养和运用数学知识解决实际问题的能力得到整体提高，进而为国家培养出更加优秀的复合型专业人才。

第三节　职业教育大学数学教学方法

大学数学在工科的教学中有很重要的地位，然而大部分针对高职学生的大学数学教材主要还是理论性的内容，和社会生活联系并不多。非专业的学生不愿意学习大学数学，这一点比较普遍，要改变这个现状需要大学数学教师对教学内容和教学方法进行变革，从而提高教学质量。

笔者发现职业大学的学生数学水平参差不齐，部分学生可以说是零基础，学生主观上对大学数学有畏学情绪，客观上大学数学难度较大，需要更严密的思维，因此在职业大学中大学数学是一门比较难教的课程。数学是所有自然科学的基础课程，是一门既抽象又复杂的学科，它培养人的逻辑思维能力，形成理性的思维模式，在工作、生活中的作用不可或缺，所以任何一名学生都不能不重视数学。作为大学数学教师，必须迎难而上，提高学生的学习兴趣，充分地调动学生学习数学的积极性，同时适当调整学习内容、丰富教学方法。

一、根据专业调整教学内容

职业大学学生学习大学数学绝大多数不会从事专业的数学研究，主要是为学习其他专业课程打基础并培养逻辑思维能力，因此比较复杂的计算技巧和高深的数学知识对他们未来的工作作用并不明显。现在职业大学的数学教材针对性不强，所以教师需要根据学生专业的情况对教材进行必要的取舍。对于机电专业的专科学生而言，大学数学中的微分、积分以及级数会在专业课程中得到应用，像微分方程这类在专业课中并不涉及的知识点可以省略；专业课中数学计算难度要求并不高，较复杂的计算也可以省略；另外在教学过程中必须重视学生逻辑思维能力的训练，可以结合数学题目的求解给学生介绍常用的数学方法、数学的思维方式，提高学生的抽象推理能力。

二、提高学生的学习兴趣

兴趣是最好的老师，数学又是美妙的，但是数学学习往往是枯燥的，学生很难体会到这种美妙。如何提高学生对大学数学的兴趣是授课教师需要思考的问题。笔者在教学中为了让教学更加生动，加入了一些生活中的数学应用。比如，为什么人们能精确预测几十年后的日食，却没法精确预测明天的天气？为什么人们可以通过 https 安全地浏览网页而不会被监听？为什么全球变暖的速度超过一个界限就变得不可逆了？为什么把文本文件压缩成 zip 体积会减少很多，而 mp3 文件压缩成 zip 大小却几乎不变？民生统计指标到底应该采用平均数还是中位数？当人们说两种乐器声音的音高相同而音色不同的时候到底是什么意思……在这些例子中数学是有趣的，体现了教学的基础、重要、深刻、美妙。

三、培养学生的自我学习能力

授人以鱼不如授人以渔，单纯教会学生某一道题目的计算不如使学生掌握解题的方法。因此讲解题目时可以结合方法论：开始解一道题的时候笔者会告诉学生这就和解决任何一个实际问题一样，首先要从观察事物开始，把数学题目观察清楚；接下来就需要分析事物，搞清楚题目的特点、有什么样的函数性质、证明的条件和结论会有什么样的联系，根据计算情况准备相应的定理和公式；最后就是解决问题，结合掌握的计算和推理技巧完成题目的求解。通过这样的讲解和必要的练习，学生完成的不再是一道道独立的数学题目，而是方法论的应用，也是更清晰的逻辑思维的训练，有助于提高学生的自我学习能力。"教是为了不教"，掌握解题方法，有自学能力，以后工作中碰到实际问题也能迎刃而解。

四、重视逻辑思维的训练

不管是在工作还是在生活中人们都会遇到数学问题，如果没有逻辑思维而只是表面理解就有可能陷入"数学陷阱"。在教学中笔者常常举这样一个例子：有个婴儿吃了某款奶粉后突发急病死亡，而奶粉厂却高调坚称奶粉没有问题，你是否有股对这个黑心奶粉厂口诛笔伐并将之搞垮的冲动呢？且慢，不妨先做道算术题：假设该奶粉对婴儿有万分之一的致死率，同时有 100 万婴儿使用这款奶粉，那就应该有约 100 名孩子中招，但事实上称使用该奶粉后死亡的却远远没有 100 个。再假设只有这个婴儿真的是被该奶粉毒死的，那该奶粉的致死率就会低至百万分之一。再估计一个数据，一个婴儿因奶粉之外的疾病、护理不当等原因而夭折的可能性有多少？鉴于现在的医学进步，给出个超低的万分之一概率，基于以上的算术分析，答案已经揭晓了，即此婴儿死于奶粉原因的可能性，是死于非奶粉可能性的 1/100，若不做深入的调查研究，仅靠吃完奶粉后死亡这个时间先后关系，来推理出孩子是被奶粉毒死的这个因果关系，从而将矛头指向了奶粉厂，那就有约 99% 的可能性犯了错，因此要找到更多的证据。这是现实问题的概率学计算，在数学的教学中可以加入一些社会争议性的话题，用数学的方法和思想加以分析揭开事件的真相，学生的逻辑思维会在这个过程中逐步提高。

受教育是一种刚需，大学数学教育是不可缺少的，然而教学内容和教学手段不应墨守成规，要根据社会和学生的需求有所改变。大学基础数学教育所应该达成的任务应该是让一个人能够在非专业的前提下最大限度地掌握真正有用的现代数学知识，了解数学家的工作怎样在各个层面和社会上产生互动，以及社会在这个领域的投资得到了怎样的回报。

第四节　基于创业视角的大学数学教学方法

创业教育在教育体系中具有重要作用，能够有效促进大学生全面发展。而高数作为专业基础课程，对于学生后期专业学习发展具有促进作用，能够一定程度上培养学生的创新能力和创新精神，为培养创业人才打好基础。

随着教育环境不断变化，教育方式越来越多样化，且逐渐融入不同高校，并相应地取得一定成果。其中，创业教育影响力较高，以培养学生创业基本素养以及开创个性人才为重点，以培育创业意识、创新能力以及创新精神为主要目的。高数属于基础课程，重点培养学生发现、思考和解决问题的能力，因各门学科不断发展和进步，其创业教育不断提高影响力。因此，基于创业背景下，如何加强高数教育改革，不断提高大学人才培养，逐渐将就业专业过渡为创业教育显得尤其重要，可有效促进高校教学改革，进而提高大学创新人才培养。

一、基于创业视角下高数教学存在的问题

高数作为专业基础课程应用较为广泛，可为后续专业课程打牢扎实基础。但因高数知识点较为固定，易导致多数学生认为高数概念比较抽象，计算尤其复杂，且实际生活中实用性较低，进而降低学习兴趣。此外，受传统教学影响，多数教师仍以讲授法为主，使其教学效果无法满足预定目标，对学习效果造成影响。

因多数学生高中阶段多以题海战术为主，步入大学校园后，仍觉得数学学科的概念抽象、无法理解等，且因数学学科具有枯燥性，致使多数学生对数学学科兴趣较低。

而高数主要包含无法理解微积分、函数极限等，感觉较为乏味。多数学生认为，高数与实际应用毫无联系，在实际生活中应用较少，长时间保持此观念，易导致对高数产生厌学情绪，进而影响学习积极性和学习效率。

现阶段，高数教学方法多以讲授法为主，就是指任课教师对教材重点进行系统化讲解，并分析讨论疑难点，而学生则重点以练、听为主。该类教学模式重点以教师为主，全局把控教学内容以及教学进度。但由于高数课程相对复杂，且知识点具有抽象性及枯燥性，若学生仅以听、练为主，易使多数学生无法理解，长此以往将使教学课堂气氛变得比较沉闷，学生对于高数兴趣逐渐降低，进而影响教学效果。

目前，多数院校高数教学多以课件教学为主，一定程度上导致讲授内容过于形象化。加之大部分课件在制作时，工作较为烦琐，要具备较高的计算机操作能力和构思能力，而多数教师在制作课件时，为了提高工作效率，多是照搬教材。同时，由于教学内容相对较多，而课时较少，多数教师为了赶教学进度，急于讲课，且课件翻页速度较快，导致多数学生无法充分理解便进入其他知识点，难以了解高数，进而产生消极、懈怠状态，影响教学效率和教学质量。

二、创业视角下高数教学方法探讨

在创业视角下，高数教学主要目的在于不断培养、提高学生创新实践能力以及创新精神，培养学生的创业意识、创业实践能力，改变传统教学模式，重点以学生为中心，根据学生各方面素质采取创业性教学，积极指引学生通过创新性、创业性模式提高高数学习效率，进而使高数教学具有创新性以及创业性，有效提高高数教学效果。

（一）教学设计

课程设置对学生的意识层面有基础性的影响作用，想要培育出创业型的人才就应该重视课程在学生精神方面的重要作用，着力于培养创业型人才。

1.一年级设置"创业启蒙"课程。一年级的课程在学生的学习生涯中具有重要的意义，对学生后期的兴趣走向、选择方向具有重要的引导作用，因此要培养创业型的人才就应该从一年级的课程抓起，将目标设置为培养学生具有创业者的创业意识和创业精神。课程的设置可以根据蒂蒙斯创业教育课程的设置理念，既要注意学科知识的基础性、系统性，也不能忽视学生的人文精神的培养。在这一阶段，按照蒂蒙斯创业教育的理念，这一阶段的课程设置应该主要通过对学生进行创业意识熏陶，进而培养学生具有创业者的品质。课程设置方面可以设置为《创业基础精品课程》《数学行业深度解读课程》《大学数学的创业之路》等课程，培养学生有一种创业的印象，在精神熏陶下培养创业意识。

2. 二年级设置"创业引导"课程。二年级是一年级课程的延伸，学生经过一年级的熏陶已经有了大概的创业意识、大学数学也能创业的印象、大学数学的创业方法，按照蒂蒙斯的观念，在这一阶段应该将课程设置为"引导"课程，即将如何寻找商业机会、大学数学的创业资源、战略计划等融入到课程中，让学生在接受大学数学的课程教学时还能潜移默化地接受相关的创业知识，引导学生树立创业精神。

3. 三年级设置"创业实战"课程。三年级的课程是学生最后一年的课程，在学生的学习生涯中具有重要的作用，这时的学生经过一、二年级的熏陶、引导，此时已经有了足够的创业的准备，这时的课程设置应该以为学生提供创业的模拟、创业实战教学为主。在这个阶段，根据蒂蒙斯的观点，应该着重让学生多进行创业的自我体验，依托各专业创业工作室，让学生体会大学数学创业的实际情况，以特色的项目为载体虚拟创业实践，培养学生的创业能力。

（二）课堂教学

1. 问题情境教学。创业性教学重要渠道在于对学生创新能力、创业能力予以培养，创新精神在创业精神中具有重要的作用，对于发现创业机会、创建创业模式具有重要的作用，因此应该重视对学生创新精神的培养。据有关学者阐述，及时发现问题、系统阐述问题相比于解答问题重要性更高。解答问题仅局限于数学、实验技能问题，但是提出新问题以及新的可能性，需要从新的角度进行思考，并且要具有创造性想象。高数属于初等数学扩展以及延伸，其核心部分是问题，而数学问题主要就是将生活中的问题逐渐转变为数学问题。同时，高数目标是在于对学生进行分析问题以及解决问题能力的培养，在此条件下，能够提出问题，并且培养创新能力。因此，实际课堂教学中，任课教师应该以问题情境法予以教学，抛出问题，积极引导学生思考、解决问题、大胆创新、创造新问题并及时发现、解决问题，使其在解决问题中，能够收获新知识。对学生进行启发式教学，能够步步引导、启发，让学生主动思考，获得新知，进而感受学习数学的快乐。通过启发式教学能够有效扩展思维能力，激发学习积极性，对学生创新能力发展具有促进作用。相比传统灌输式教学，问题情境教学可有效体现学生主体地位，充分调动学习积极性，逐渐使学生从被动转变为主动，不仅能提高学习效率，又能培养创新能力。

2. 高数教学和实例有机结合。因多数高校高数教学以任课教师授课为重点，知识索然无味，易导致学生对高数失去兴趣，严重影响学习效率。但将实际案例和课堂教学相结合，能有效激发学生学习兴趣和积极性。比如，在多元函数机制和具体算法课程中，可实行实践课程方式，以创业、极值为课程题目，让学生根据课堂所学知识，对创业中出现的极值问题进行模拟研究。此外，通过小组的形式，让组员通过社交软件对创业项目细节进行讨论，并阐述自身观点和意见，最终选取适宜的课题，借助实地调查等形式，根据查阅资料实行项目研究，并撰写相应论文报告，以展示研究成果。通过将高数教学与创业教育相结合的形式，能够不断激发学生特长和才能，使学生充分认识高数，进而起到培养学生客观、理性分析问题的能力，以激发其学习主动性和热情性。

（三）实践

将课程设置与创业实践结合起来，在学生有了一定的创业意识和创业能力后学校应该开展相应的实践活动来丰富创业实战课程。通过开展"大学数学创业计划竞赛"等活动，围绕大学数学，让学生进行创业模型探索，模拟创业计划，进行市场分析，组织创业公司等。此外，学校应当重视为学生提供创业平台，为学生搭建创业服务中心、产业园组成创业实践基地等。

创业教育在社会发展中尤其重要，属于社会发展需求，能够有效推动人、社会发展，而大学生作为社会特殊群体，其创业教育能够有效推动学生全面发展，为大学生创业提供基础。高数作为专业基础课程，能够一定程度上为学生后续学习提供基础性支持，对教育体系具有重要意义。因此，高校教育者要提高对高数教学的重视程度，不断加深学生认知，同时，将创业教育、高数教学有机结合，便于为社会培养高质量、创新型人才。

第五节　大学数学中微积分教学方法

对很多学生而言，微积分学习显得非常深奥，很多时候百思不得其解。这就需要教师改革教学方法，提升学生的学习兴趣。本节先分析微积分的发展与特点，接着研究大学数学中微积分教学的现状及存在的问题，最后提出改善微积分教学的方法，意在起到抛砖引玉之用。

在大学数学中，微积分是不可或缺的教学内容之一，微积分与我们的现实生活息息相关，其中的很多知识已经被广泛应用到经济学、化学、生物学等领域中，促进科学技术迅猛发展。

一、微积分概述

从某个角度而言，微积分的发展见证了人类社会对大自然的认知过程，早在 17 世纪，就有人开始对微积分展开研究，诸如运动物体的速度、函数的极值、曲线的切线等问题一直困扰着当时的学者，在此情况下，微积分学说应运而生，这是由英国科学家牛顿和德国数学家莱布尼茨提出来的，具有里程碑式的意义。到了 19 世纪初，柯西等法国科学家经过长期探索，在微积分学说的基础上提出了极限理论，使微积分理论更加充实。可以看出，微积分的诞生是基于人们解决问题的需要，是将感性认识上升为理性认识的过程。

如今，大学数学中已经引入了微积分的内容，主要包括计算加速度、曲线斜率、函数等内容。学生掌握好微积分的内容，对他们形成数学思想和核心素养有着广泛而深远的意义。

二、大学数学中微积分教学的现状

微积分教学对学生的抽象逻辑思维提出了很高的要求。教师要根据学生的学习心理组织教学，方能收到事半功倍的教学效果，但目前来看，微积分教学现状并不尽如人意，直接影响了教学质量的有效提升。存在的问题具体体现在以下三个方面。

（一）教学内容缺少针对性

在高校中，微积分教学是很多专业教学的重要基础，学好微积分，能为学生的专业学习奠定基础，这就需要教师在微积分教学中，要结合学生的具体专业安排教学内容，这样可以使学生感受到微积分学习的意义与价值。但是很多教师忽视了这一点，教师在所有专业中安排的微积分教学内容都是千篇一律的，很多时候，学生学到的微积分知识是无用的，影响了教学目标的顺利完成。

（二）教学过程理论化

微积分的知识具有很大的抽象性，对学生的逻辑思维提出了很高的要求。很多学生对微积分学习存在畏惧心理，这就需要教师在教学过程中要灵活应用教学方法，提升学生的学习兴趣。但从目前来看，很多教师组织微积分教学活动时，经常采取"满堂灌""一言堂"的传统教学法，教学过程侧重理论性，教师只是将关于微积分的计算方法灌输给学生，没有考虑到学生的学习基础，导致学生积累的问题越来越多，最后索性放弃了这门课程的学习。

（三）教学评价不完善

一直以来，教师考查学生掌握微积分的水平，都是通过一张试卷来检验，以分数来考查学生的学习能力。这样的教学评价方式显得过于单一，试卷的考查方式仅仅能从某个角度反映学生的理论学习水平，无法判断出学生的学习情感和学习态度等要素。这种教学评价方式不够合理，迫切需要改革。

三、大学数学中微积分教学方法的改革建议和对策

（一）改革教学内容

教学内容是开展课堂教学的重要载体。我们都知道微积分课程的知识体系比较庞大，知识点比较多，很多时候对学生的学习能力提出了严峻的挑战，所以教师在课堂教学中要为学生精选教学内容，结合学生的专业性质，按照当今科学技术发展水平选择合适的教学内容。目前，我们已经进入了信息技术时代，计算机软件已经得到了广泛应用，所以在教学过程中可以淡化极限、导数等运算技巧的教授，注重为学生介绍数学原理和数学背景，比如"极限"概念为什么要用"$\varepsilon-\delta$"语言阐述？"微元法"的本质意义在哪里？诸如此类的问题，可以调动学生的好奇心，教师要用通俗易懂的语言为学生解释这类问题的背景，使学生更好地学习数学概念，降低他们的学习难度。针对微积分中的定理证明，要强调分析过程，师生一起挖掘定理的诞生过程，而不是一味强调逻辑推理的严密性，否则会增加学生的思想负担。另外，教师也可以利用几何直观法来说明数学结论的正确性，教师安排学生探索定积分基本性质的证明，让学生借助几何直观图来证明设想，这样可以培养学生的创新思维，使他们感受到自主探索的趣味性和成就感。

另外，在教授微积分基本概念时，教师要注重微积分知识的应用，为学生介绍一些合适的数学建模方法，使学生畅游在数学世界中，感受微积分的实用价值。总之，教师要结合学生的实际情况安排教学内容，这样才能事半功倍地完成教学目标。

（二）灵活应用教学方法

正所谓"教学无法、贵在得法"，改革大学数学中微积分教学的方法有很多，关键是教师要灵活应用，根据教学目标和教学内容选择合适的教学方法，案例式教学法、启发式教学法、问题式教学法都可以拿来应用。鉴于我们已经进入了信息技术时代，多媒体技术已经渗透到教育领域，笔者认为，在微积分教学中应用图像化、数字化教学手段比较可行。所谓图像化教学，就是在教学过程中利用计算机合理设计数学图形，帮助学生更好地理解教学内容。事实上，我国古代数学家刘徽早就提出了"解体用图"的思想，即利用图形的分、合、移等方法对数学原理进行解释。事实证明，图像化教学，可以化抽象为具体，符合学生以具体形象思维为主的特点。我们教师在教学过程中要重视这种教学方法的应用，帮助学生提升空间思维能力。

微积分中有很多内容适合使用这种教学方法，比如函数微分的几何意义、积分概念和性质的论述等，都离不开图形的辅助。迅速绘制所求积分的积分区域是一个基础步骤，我们可以借助计算机完成这样的操作。笔者在教学过程中一直有意识地引入计

算机教学，使微积分的教学内容变得动态化和数字化，比如在讲解"泰勒定理"时，笔者利用计算机直接给出一些具体函数的图像及此函数在某一点的n阶展开式的图像，并让学生进行比较。有了计算机的辅助，学生可以清晰明了地看到0点附近展开阶数的增加，展开式的图像更接近函数的图像。

除了计算机教学法，我们还可以引入讨论式教学法。学生的个性各有不同，他们对微积分学习也有各自的理解，教师可以将学生分为几个小组，让他们根据某道微积分题目进行讨论，学生在讨论过程中会发生思维的碰撞，每个人都发表见解，问题在无形中就得到了解决。比如在讲授"对称区域上的二重积分的计算"这部分内容时，笔者为学生安排的问题是"奇偶函数在对称区间上的定积分有什么特性？怎样证明？"笔者让学生以小组为单位，针对这个问题进行自由讨论，学生纷纷开动脑筋，挖掘知识的本质，找到解决问题的答案。这样的教学过程还能在潜移默化中培养学生的合作精神。

（三）优化教学评价

学生的学习过程是一个自我体验的过程，每个学生都有自己的个性，他们的内心世界丰富多彩，内在感受也不尽相同，所以教师不能用一刀切的方式来评价学生，而是应该将过程性评价与终结性评价有机结合在一起，重在对学生的学习过程进行考查和判断。教师要结合学生的现实情况，为学生建立成长档案，因为微积分学习确实有一定的难度，教师要肯定学生的进步，给予学生及时的表扬，以此激发学生的学习成就感。教师可以将学生的出勤、回答问题的表现都纳入评价范围中，考查学生掌握基础知识的情况，还可以给学生提供一些数学建模题，考查学生利用理论知识解决实际问题的能力。除了教师评价，还要加入学生自评和学生互评的做法，让学生自评自己学习微积分的能力、情况与困惑，这样可以让学生更好地定位自我，发现自己在学习中存在的问题，进而查漏补缺，更有针对性地学习微积分。

课堂教学是一门综合性艺术，大学数学中的微积分教学具有一定的难度，知识比较深奥，教师要想使学生学好这部分内容，必须灵活应用教学方法，重视教学评价，使学生能不断总结、不断完善，并学会用微积分知识解决现实中的问题，让学生为未来的后续学习奠定扎实的基础。

第六节　大学数学课程教学方法的分析

大学数学对高等院校教学发展有着极为关键的作用，随着社会教育形式的发展进步，其教学方法也将面临着重大的挑战。因此，本节通过分析大学数学的教学特征，指出要实现优质的讲授法教学才能够提高数学的教学效果，促进学生创新思维的培养，满足社会对应用型人才的需求。

教学方法是教学过程中教师与学生为实现教学目的和教学任务要求，在教学活动中采取的行为方式的总称。随着教学设计理念的进步和教学改革的深入，教学工作者创造和积累了丰富的教学方法。高等学校教学方法的改革一直是行政管理部门和广大师生高度关注和积极推进的工作，本节针对高校大学数学课程的教学方法进行研究分析，以期提高教学效果，通过大学数学的教学助力高校对学生逻辑思维能力的培养。

一、大学数学课程教学特征

大学数学是高校课程体系中的重要学科，它是其他众多学科学习的基础，在高校开设的课程中具有举足轻重的地位。恰当地运用教学方法是提高数学活动效能、确保教学质量和教学实践取得最优效果的重要保证，选择合理的大学数学教学方法首先要分析大学数学课程的教学特征。

（一）教学内容的高深性

高等教育一以贯之的使命就是传授"高深知识"，大学数学更加突显出教学内容的高深性，教学内容包含了高度理论化的、抽象的、专门的高深概念性知识。有时高校教师在课堂教学中讲授的教学内容是精选、浓缩、渗透和引入了数学课程最前沿、最新的知识，对于大多数学生来讲是抽象陌生的。

（二）教学过程的探究性

高等学校教师有科学研究的任务要求，教学与科研相结合也是大学数学课程教学的要求。数学教学不仅要传授已有的高深知识，还要引导学生探索学科领域的未知世界，通过教学介绍学术界的争论与有待探讨的问题，以激发学生的创造精神，教师不仅要进行课堂上数学书本上的知识传授，还要通过学生实习、见习、毕业设计和毕业论文等活动让学生参与查阅资料，了解新的创新性理论。教师不仅要从事科研，还要引导带领学生参与科研项目，以此培养学生的创新精神和能力。

作为一名教师要充分认识大学数学教学的性质和特点，据此理解和运用有效的教学方法，提升大学数学的教学效果。

二、大学数学课程讲授法的利与弊

讲授法是教师通过口头语言，系统地向学生叙述事实、解释概念、论证原理和阐明规律的教学方法，是历史最为久远、应用最为广泛的经典教学方法，几乎每一门学科专业的教学都可以采用讲授的方式组织教学。目前，大学数学主要以讲授法为主，对教师而言，它是一种传统的教授方法，对学生而言，它是一种接受性的学习方法。它的优点是教师在较短的时间内向较多的学生系统地传授大量的知识，有利于发挥教师在教学中的主导作用，有利于教师对教学过程的控制。

大学数学是一门理论性的课程，有许多抽象的数学知识概念，思维逻辑性较强。传统讲授法只是让学生一味地听、记笔记、做练习，不利于因材施教，难以兼顾学生的个性差异、难以兼顾师生之间的互动与协作、难以做到给予学生充分表达意见的机会，不能充分调动学生学习的积极性，使得部分学生不能真正理解教师讲解的数学知识概念，对其与实际应用的关联理解不透彻，数学给他们的印象就是抽象的、难以理解的、没有实用性的，导致学生学习兴趣不浓厚，课堂气氛沉闷，学生学习效果和成绩自然不理想。对于大学数学课程而言，教师应该改进讲授教学法，在教学过程中要去激发学生学习数学的动力，进而实现优质的讲授法教学。

三、优质讲授法教学的要求

实现优质的讲授法教学需要很多职业性条件，教师要有坚强的意志、教学想象力、幽默和强大的自我意识，但这些还不足以形成优质的讲授法教学，它还需要教师具备一些具体的方法和技巧，比如准确洞察和了解学生状况的能力；灵活准确地运用身体和口头语言；尽管多媒体技术已经很发达，但还要学会使用黑板；有良好的时间观念，能合理掌控课堂进度和节奏；掌握一些处理课堂突发事件的技巧。具体而言有以下四个方面：

（一）讲授要有明确的目的性

教师要明确讲授课程在学生专业学习和知识建构中的定位，任何一门课程都是教学计划的一个组成部分，任何一节课都是教学大纲要求的内容，要从数学课程的角度出发来实现专业目标培养。所以，要求讲授要有明确的目的性，教师的课堂讲授应当体现专业培养目标的要求。大学数学是许多专业都要开设的课程，但是不同专业对这门课程都有不同的侧重点,教师要根据不同专业的培养目标,确定本门课程的教学目的、要求和重点,以便为这个专业的培养目标服务。

(二)科学地组织讲授内容

教师要熟悉和把握教学目的要求,由于数学的内容较抽象,因而教师要了解学生相关的专业知识和经验基础,要认真钻研教材、大量查阅文献资料、精通并合理组织教学内容,对教学内容进行科学加工、组合,使之结构严谨、层次清楚,力求做到教学内容和方法的优化组合。数学概念的引入很重要,好的引入能够激发学生的学习兴趣和求知欲望,讲授过程既要追求系统性和逻辑性,又要主次分明,突出重点和难点。比较有效的办法是,教师在开始新的讲授前,要指导学生对新内容进行预习和准备,使学生对基本教学内容有一定的了解,然后在讲授中主要就教学内容的难点和学生自学中遇到的问题进行解释和说明,并根据学科领域的新发展向学生提供新的教学信息,使之达到预期的教学效果。

(三)教学语言应具有清晰、精练、生动的特点

讲授法主要是以口头语言为传递和交流教学信息的工具,教师语言素养的水平会对教学效果产生直接的影响。因此,要求教师不能用"照本宣科"式的机械性的表述,而应该尽量做到以下几点:第一,清晰、精练的讲解能够为学生留下思考的时间和空间;第二,生动、幽默和富有激情的语言表述可以感染学生,使其产生对知识的热情;第三,语言尽量"深入浅出",引导学生由表及里地领会和掌握教学内容。

(四)寓启发于讲授之中

如果讲授演变为教师在课堂上的独角戏,是难以取得预期教学效果的。大学数学的目标是培养学生运用数学知识分析问题和解决问题的能力。为此,教师要精心设计富有针对性、启发性的问题,采用探究式教学方法引导学生研究。问题是数学的核心部分,数学概念问题来源于生活,是把现实生活中的问题升华为数学问题,通过不断地设疑、提问,引导和鼓励学生参与教学,促使学生进行积极主动的思维活动,学生可以从不同角度主动地思考问题,一个数学问题可以提出不同的解题方法,从而培养学生的创新思维能力。教师在着重讲清基本数学概念和推理线索并提供必要的材料后,可以把寻求答案的任务留给学生,启发学生通过独立思考来获得有关问题的答案,从而使学生在解决问题的过程中获得新知识、理解新知识、感觉成功的喜悦。设疑提问强化了师生互动,师生互动使得教学气氛活跃,调动了学生学习新知识的积极性,使学生由被动学习变成主动学习,进而提高教学效果,培养了学生的创新能力,这在大学数学的教学中尤为重要。

大学数学是非常重要的基础性学科，优质的大学数学教学方法对提高当今大学生的整体能力和素质起到了极其重要的作用。高数教师需对数学的教学方法进行深入研究，采用更加科学有效的教学方法，加强对学生创新思维、逻辑思维能力的训练，培养出更多创新型、应用型人才，从而有效提高大学生在就业方面的竞争力。

第七节　大学数学教学与中学数学教学的衔接方法

目前，很多步入高校的莘莘学子在学习大学数学这门课程时普遍觉得不适应，有的学生经历半个学期后依然难以达到入门水平，此类现象在高校中广泛存在。基于此，为确保学生的水平从中学数学稳定过渡到大学数学，需要采取有效方法合理衔接中学数学与大学数学，推动高校教学质量更上一层楼。

一、大学数学与中学数学的不同之处

（一）知识的不同

第一，知识具备一定重复性。立足对现有教材的调查分析，学生对很多知识已然有了了解认识，涵盖导数概念及计算、四则运算法则等具体知识点，但学生却不知晓知识点具体的来龙去脉，难以熟练完成复杂函数极限与求导、求解等过程。导数应用涵盖曲线的极值、切线、最值的求解以及函数单调性及生活最优化问题的判断，平面几何解析、向量线性运算、向量的定义及坐标解释等均属于明确的课标内容，同样也是高考主要内容，学生对这方面知识掌握得比较好。

第二，知识有断层。实践证明，大学数学与中学数学对应知识存在重复现象，始终存在难以衔接的问题，如球坐标和柱坐标的变换，这几类变换虽然均在中学数学中出现过，但大多数中学生却难以熟练掌握；多数学生都不知道三角函数正割以及余切、余割函数、积化和差、反三角函数、和差化积、万能公式等具体知识点，对此知之甚少。同时，反双曲函数以及双曲函数均存在断层问题。

（二）方法的不同

纵观中学教学进程，教师教学时一般都是通过大量例题与习题实现某个知识点的提高与巩固，旨在让学生扎实掌握知识。高校均采取大班授课方法，涉及的教学内容非常多，知识点紧凑，一般均是在课堂上讲解具体的知识要点，较少进行课堂习题练习，较少针对对应习题进行分析，学生需要在课后自行归纳总结与做题，在课堂内容的理解掌握上存在一定难度。

（三）反馈的不同

中学生一般没有较多时间对课本内容进行仔细阅读，课余时间大多用来完成老师布置的相关作业。课后，中学生有较多机会接触教师，将不懂的问题及时向老师反馈并展开询问。但高校教师与学生除了上课外基本没有见面的机会，即使可运用 QQ 以及微信等方式进行沟通，但很多学生并不愿意进行交流，如此一来，教师仅能通过课件或者作业实现相关信息的反馈。

（四）心理的不同

中学均会频繁地进行考试，通过考试进行复习，使学生长期处在紧张的学习状态中，以达到高效学习的目的。很多学生将大学看作调整休息的时期，从思想上放松学习，未对自己提出较高要求，同时大学生需进行自我管理，依靠自身安排学习与生活，容易出现茫然失措的心理，部分学生不会合理安排时间。

二、有效衔接大学数学与中学数学的具体途径概述

（一）强化知识衔接

立足知识内容这一角度，大学数学是初等数学的深化和提高。针对大学数学课，要将初等数学当作基础，在中学时期学过的幂函数、指数函数、对数函数、三角函数等基本性质和运算，平面解析几何中常见的曲线方程、图形、不等式的性质等内容在大学数学学习中经常用到，这些问题在课堂上仅需要简单复习即可，避免重复。

部分初等数学知识在大学数学中尚未涉及或者涉及的角度和侧重点不同，针对此类内容，教师不能认为学生在中学已经掌握就轻描淡写或一带而过，避免在大学数学与中学数学之间形成"空白"地带，从而造成大学数学与初等数学在某些知识内容上的脱节。例如，极坐标系的建立、常见函数的极坐标方程等知识在中学课程中没有涉及，而大学数学中的积分运算和积分应用问题以此为基础，若不补充讲解，学生学习这部分内容时就难以顺利过关。中学虽已开始学习极限、导数、积分、向量的概念及计算，但仅侧重于简单计算。到了大学还要学习这些内容，侧重于对基本概念的理解及实际问题中的具体应用，在教学中一定要讲清楚它们的不同要求，尤其要注意中学数学内容和大学数学内容的衔接关系，使教学中知识内容不会重复与脱节，有利于学生顺利渡过学习难关。

（二）做好方法衔接

第一，循序渐进地开展教学，为学生营造良好的方法适应过程。在大学数学教学中，

刚开始的几次课进度稍微放缓些，不断提醒并引导学生养成良好的预习习惯，使之能够带着问题上课，在课堂学习中认真把握重难点，认真做好课堂学习笔记，在课后时间积极完成复习，全面总结归纳，列好层次分明的课程内容提纲，以便为复习提供便利。采用教学模式应注意，中学所学定理与习题的理解与解答是密切相关的，但是大学数学则不然，此课程体系拥有较强理论性，博大严密，概念推演与逻辑联系十分严谨，学生仅依靠习题练习难以全面理解并掌握相关理论，即使弄懂概念也不一定会做习题，因此应注重培养学生边看书边思考的学习习惯，从整体角度出发，让学生全面掌握基本理论方法，在大学数学与中学数学衔接中实现学生自学适应能力的有效强化。

第二，针对例题与习题进行精心选择并强化解题技巧指导。在大学数学学习过程中，应立足从方法角度对比初等数学，如可以尽可能选择一些既能够用到初等数学又可以用到大学数学知识解决的相关问题，分别运用两种办法解决问题，使学生能够切实体会到知识间的相融性，将学生的学习兴趣全面激发出来，使之理解能力实现强化、认知水平获得提高。例如，在初等数学中较常运用配方以及不等式进行极值求解。此类方法的优势在于有利于学生理解，使学生更好地掌握知识。然而这些方法的应用也有缺点，要求的技巧性较高，尤其是针对较复杂的问题时能够适用的范围相对较窄，仅可针对特殊问题进行求解；最值与极值两个概念容易混淆，导致极值遗漏。通过微积分手段对极值展开求解，能够遵循固定程度，对应要求的技巧性相对较低，具有较为广泛的适用面，更容易区分极值与最值。

第三，基于多媒体教学应用实现学生思维能力锻炼。实践证明，大学数学是一门具有较强抽象性特点的课程，在日常教学实施过程中应注重多媒体教学手段的优化运用，基于板书结合多媒体及数学软件、学生实验的方法，学生对数学概念理论的理解不断强化，教学效率明显增加。例如，引入定积分时，基于多媒体动画功能的优化运用，通过矩形面积和极限展示曲边梯形面积，能够把定积分这一类型十分抽象的概念生动形象地展现出来。与此同时，鼓励学生多动手，使思维能力得到强化锻炼，如定积分，引导学生进行编程计算，通过分割不同的积分区域实现不同值的获取，分割的越细则越能获得精确的计算结果。基于这一系列操作，学生可以深刻理解分割求和取极限对应的微分思想。

（三）改进考查方式

中学数学考试中较常见的考查方式是闭卷考试，目的在于对学生在知识的理解及实际运用程度上实施考查，采用的较多的题型是计算题，应用题和证明题数量相对较少。一部分数学基础薄弱的学生难以理解数学定理及解题思路，普遍依靠记忆死记硬背，考试结束之后就会很快忘光。对比高校大学数学，因为学习内容体系不尽相同，应在结合考查基础知识的同时重视考查能力强化，要将知识以及能力、素质的对应考查有机结合在一起。

第一，充分重视日常课堂考查并完成教学成果检验的及时反馈，检验学生的知识掌握程度，每章节及期终展开测试固然非常重要，但在平常针对学生知识掌握情况的考查同样不容忽视，课堂提问以及课后题思考、课后作业等均属于日常考查，在整个课堂教学中始终贯穿课堂提问，作用在于针对已学知识与将要学到的知识承上启下，保证教学进程流畅开展，有助于学生加深对概念的理解与方法的掌握程度，使之合理避免规律性错误的形成，有效建立正确的数学思想。

第二，综合评价学生并拓宽考查方式，教师应就学生数学能力展开细化评价，基于多元化方式的运用，组合给分，综合评价，包括家庭作业、小黑板演算、智力小品、杂志阅读、小测验等内容。唯有立足这些基础的综合评估，才能将学生数学课程掌握情况公正合理地反映出来。

综上可知，结合实际情况，立足现状分析，认真采取有效措施完善大学数学与中学数学的良好衔接，保障大学数学取得更高的教学质量，推动数学教育更上一层楼。

第四章 新时代背景下高等数学教学中学生能力的培养

如何有效培养学生的数学建模意识历来是高数教师积极探索的课题。本节作者结合自身教学实践，针对高等数学教学中数学建模意识的培养提出了三点策略性建议，即在概念讲解中挖掘数学建模思想、在定理学习中示范数学建模方法、在大量练习中体会数学建模的应用，希望对相关教育工作者有所助益。

高等数学在整个数学领域中占据着十分重要的地位，它具有严谨的逻辑性和广泛的应用性，是人们在生活、工作和学习中的重要工具。而数学建模的主要意义即为让学生通过抽象和归纳，将实际问题构建成一个可用数学语言表达的数学模型，从而利用数学知识顺利解决，同时在构建模型和解决问题的过程中，也使自身的数学思维及应用能力得到锻炼和发展。鉴于此，如何有效培养学生的数学建模意识历来是高数教师积极探索的课题。以下笔者拟结合自身教学实践，针对高等数学教学中数学建模意识的培养谈几点策略性建议，希望对相关教育工作者有所助益。

一、在概念讲解中挖掘数学建模思想

我们知道，无论哪一门学科的知识、概念和定义的形成都建立在对客观事物或普遍现象的观察、分析、归纳和提炼的基础之上，是经过科学论证形成的学科语言表达。高等数学作为一门逻辑性和应用性都很强的工具学科，这一点体现得尤为明显，换言之，即其概念和定义都是从客观存在的特定数量关系或空间形式中抽象出来的数学表达，从本质上说，其本身即蕴含和体现了经典的数学建模思想。因此，我们在进行数学概念或定义的讲解时，一定要重视挖掘其中的数学建模思想，使学生从本源的角度更好地掌握。具体来说，即借助实际背景或实例，强调从实际问题到抽象概念的形成过程，使学生体会数学建模思想，这不仅有助于其在潜移默化中逐步树立数学建模意识，也有利于其对概念或定义的理解和掌握。

例如在讲授极限的定义时，如只单纯灌输，则不少学生会由于其高度的抽象性而感到空洞，如此既不利于对定义的学习，体会数学建模思想更将无从谈起。这种情况下，教师就可合理引入一些实际背景，结合实例进行讲授，如我国古人所说的"一尺之棰，日取其半，万世不竭"，其中就含有极限的思想；再如古代数学家刘徽利用"割圆术"求圆的面积，实际上就利用了极限思想；还可以通过一组实验数据或是坐标曲线上点的变化等实例向学生展示极限定义的形成，并深入挖掘其实质。这样不仅能使学生相对容易地掌握定义，更能体会其背后的数学建模思想，从而促进其数学建模意识的培养。

二、在定理学习中示范数学建模方法

高等数学中涉及很多重要的定理及公式，学生应在理解的基础上掌握其运用角度和应用方法，并能利用其解决一些与之相关的实际问题，这是对学生学习高等数学的基本能力要求之一。而在引用某些定理解决实际问题时，毫无疑问会涉及数学建模，因此，教师在日常教学中进行定理及公式的讲授时，应注意选择一些相关实际问题作为数学建模的载体，并加以详细而深入的建模示范，从而在学生初始接触定理和公式时即能触发对数学建模思想的应用意识和能力。这可以说是培养学生数学建模意识的关键环节和有力途径，是显著促进学生形成数学建模意识的直接手段。如能长期以这种理论联系实际的方式对学生加以熏陶，无疑也能使学生在潜移默化中增强数学建模意识和数学应用能力。

例如，一元函数介值定理是高等数学中的重要定理之一，其应用也比较广泛，在学习此定理时就可以合理引入比较有代表性的实际问题进行建模示范。笔者曾用过有名的"椅子问题"：将一把四条腿的椅子置于一个凹凸不平的平面，椅子的四条腿能否有同时着地的可能？试着做出证明。在示范建模并加以证明的过程中，就使学生对抽象的介值定理有了更深层次的理解，同时体会了数学建模的应用，尤其是如何用数学语言描述实际问题，从而更好地建立模型，另外，也在一定程度提升了对介值定理的应用能力。

三、在大量练习中感悟数学建模的应用

俗话说"实践出真知"，只有不断地应用演练，才能促使学生真正树立起数学建模意识，并切实体会数学建模思想及方法的应用。这方面，数学应用题无疑是最好的练习阵地，它的主要作用便在于提升学生运用所学知识解决实际问题的能力，因此较多涉及建模问题，尤其是突出思想和方法的应用过程。笔者建议，在学习过相关理论知识后，应"趁热打铁"，适当选取一些经典的实际应用问题供学生练习和提升，即

通过分析、归纳和抽象构建数学模型，而后运用数学知识解决问题。这是培养学生数学建模意识的发展和补充，值得我们高度重视。

比如，与导数相关的实际应用问题有经济学中的边际分析、弹性问题、征税问题模型；与定积分相关的有资金流量的现值和未来值模型、学习曲线模型等；微分方程则涉及马尔萨人口模型、组织增长模型、再生资源的管理和开发的数学模型等，尤其是利用微方程模型分析一些传染病中的受感染人数的变化规律，从而探寻如何控制传染病的蔓延。总之，可用于学习练习数学建模的经典实际应用问题有很多，我们应善于合理选取和重点讲解，引导学生增强数学建模能力和解决实际问题的能力，从而获得更好的进步和发展。

综上，笔者结合教学实践，就如何在高等数学教学中培养学生的数学建模意识提出了三点浅显见解，即在概念讲解中挖掘数学建模思想、在定理学习中示范数学建模方法、在大量练习中体会数学建模的应用。当然，培养学生的数学建模意识是一个具有一定深度和广度的话题，只有在教学实践中积极探索，深入思考并善于总结，才能找到更多更有效的策略及方法，从此角度讲，本节仅为抛砖引玉，尚盼方家指教。

第二节　高职高等数学教学中学生能力的培养

数学在我们的学习中占有重要的位置。我们要如何针对性地对学生进行能力方面的培养，这是一个十分重要的问题，能力关乎我们的各个方面，数学能力的培养具有应用性、精确性。确定了培养能力的各个方面，让自己不断的优秀，使自己的数学学习能力能不断地发展，对自我也是一种提高。本节讨论了高等数学学生能力的培养策略。

在我们进行学习的过程中，高等数学占有重要的位置，它对于各个学科都有基本的作用，比如，学习自然科学、经济学、管理学的时候，高等数学都是学习它们的基础，能让学生在学习的时候更加顺利，起到一个了解的作用，不用太为不了解具体情况而发愁，所以高等数学的学习对于我们至关重要，我们需要在高职高等数学方面打好基础，才能更好地学习其他科目。我们在学习的过程中不能光靠老旧的思想，要加入新的思想，让学习思想变得活跃，更好地学习高等数学。我们要靠自己的实力进行学习，加上自己的实力，让自己的实力能得到充分的体现，让自己能在高等数学方面更加长远地发展下去，更加优秀下去，达到高等数学能力培养的目的。

一、自学高等数学的能力

学生很少具备自学能力，也很少有学生能够做到自学，自学是完全依靠自己进行学习，通过查阅资料、买资料、图书馆阅读等方式来进行学习，以此达到自学的目的，但是自学的难度很大，还要在一定程度上依靠一颗学习自觉性的心，这就在很大程度上构成了一些负面影响，让自己会有太多的困扰，来阻挡自己进行自觉性的学习。我们进行学习的过程中，老师应该尊重学生的学习自觉性，让学生占据主导地位，以此来让学生养成良好的自觉学习习惯，不至于太过依赖老师，这样的话高等数学自学能力就会大幅度地提高，如果我们过度依赖老师的话，自觉能力不会提高，会导致大幅度下降，那么我们对待高等数学自学的能力就会减少，这个时候自学能力对于我们来说就消失了，就没有任何的作用。在上高等数学课的时候，更应该把主导地位让给学生，让学生的思维能力得到扩展，在问题上进行求同存异模式，这样就会让学生得到更多的发展空间，他们会对问题进行讨论、研究，这样就会加深记忆，也会对他们的能力有所提升。老师实行这样的方法，不至于让学生离开老师就什么也不知道，什么也办不到了，老师采用这样的方法能让学生更加独立地进行思考，同时在自学能力方面有所提高。上课的主导权在学生手里，学生对问题、对课堂内容、对课程的章节都会有所整合，自己整理规划才是真正属于自己的东西，才能更好地掌握知识，对知识有一个正确的分析和分辨的能力。在进行思考的时候，让他们自己去有一个思考的时间，自己去动手，这样才能锻炼他们的能力，让他们的能力得到一定程度的提升，也让他们得到进一步的发展。

二、学习高等数学的兴趣

做任何事情之前我们都要先提升自己对这件事情的兴趣，这样我们才能更好地完成它，如果我们对这件事情没有兴趣，那么就不会产生积极心理，这件事也就失去了它的真正价值所在、没有能够正确地去尽力处理它、去解决这个问题、去认真地进行听。老师在讲解的时候或者在老师没有进行讲解的时候自己要认真地查阅资料，所以在做一件事情的时候，我们一定要提升对它的兴趣，提高自己的积极心理，高等数学也是，我们必须要提升自己学习高等数学的兴趣，这样才能加大对高等数学的了解，加大对在高等数学这方面的知识扩展能力。兴趣是我们学习任何事情的基础，我们只有对这件事感兴趣，才能更好地完成它，更好地解决它，在高等数学学习的过程中，老师一定要先提升学生学习的兴趣，我们可以通过多种方式来提升学生的兴趣，学生的兴趣是很容易被调动起来的。其实高等数学对于学生来说难度是比较大的，在调查中可以很明显地看出学生对于高等数学的学习积极性并不大，主要原因是因为高等数学的学习难度比较大，很多学生都不好好学习，还饱受高等数学学习难度的困扰，这个时候我们只要调动学生积极性，学生的兴趣就会被提高，那么在学生感兴趣的基础上，学生就不会感到难度太大，同时在老师一点儿一点儿的讲解过程中，学生会跟着老师的思路走,其实更能让学生感觉到没有那么难,只是学生一方面需要克服自己的畏难心理,另一方面需要提起对高等数学的兴趣,这样才能达到良好的学习高等数学的效果,才能进行自我的提升。在老师进行高等数学教学的过程中,首先需要改进自己的教学方法,提升学生的学习效率,然后调动温馨融洽的学习氛围,让学生更好地融入到学习的课堂中。比如,在我们讲解二元函数的偏导数时,学生已经对一元函数有了明确的认识,在这个基础上,老师只需要让学生把二者进行比较着来学习,在一元函数的基础上,二元函数能够更加简单地进行学习,通过比较来进行学习,学生学习起来也会比较容易,比较轻松。通过比较学习,学生在了解一元函数的基础上学习二元函数,这样对二元函数也会进行了解,学生不会感觉太难,就会增加学习的积极性、求知欲,让学生更好地学习二元函数。

三、高等数学的思维能力

在我们学习的过程中,思维能力至关重要,老师也要对学生的思维能力着重进行培养,比如在老师进行问题考查的时候,不要很快给出问题的答案,要给学生留有一定的思考空间,让学生进行思考,这样学生的思维能力才能得到提高,而且老师还可以让学生对课堂上讲的内容有所扩展。数学思维是我们对客观世界的一种看法,可以通过我们的直觉来判断,以此推出问题的答案,得出解答的规律,让复杂的事情变得简单,不会再有其他麻烦的心理产生,这样会解决很多问题,得到很多问题的答案,让自己得到进步。高等数学的发展并不是直接给出学生问题的答案,直接给出学生问题的答案,不利于学生思维能力的发展,让学生通过类比、推理等方法进行发展,这样会得到思维能力的提升,让学生的思维变得活跃起来,不会太过于愚钝。学生进行学习的时候,让学生根据不同的层面表达自己的观点,在不同的层面得到多种观点,这样就会得到多种层面理解的思维能力,使学生的整体素质都会得到发展,得到科学思维的显著提升。

四、高等数学的应用与创新能力

在我们进行高等数学的学习过程中,应该更注重自己的创新能力,创新能力对于我们的学习至关重要,它是我们学习所必须具备的一项技能,创新能力也是我们能不断进行自我发展、自我提高的基础。老师不必将固定的题型传达给学生,而是可以让学生通过自己的想法自己创造出题型来做,这样就会对学生的创新能力有一个局部的提升。老师应该把自己的想法说出来,然后让学生有一个成型的创新能力,使之借鉴和发挥。比如在学习参数高阶导数时,可以参照一阶导数的求导方式求出二阶导数的求导方式方法,不必非要参照课本上的求导方式,这也是对学生的思维能力的一个提升,在创新方面也发挥着它的作用。我们在课堂中要营造一个公平、民主的氛围，让学生进行讨论、研究，不要对学生太过限制，这样不利于学生创新能力的发展，老师要让学生进行不断的创新、实践。

能力的培养对于学生在高等数学学习中至关重要，在现如今注重学生能力培养的时代，我们更应该对学生进行各方面优质教学，老师也起到了很大的作用，老师对待学生有疑惑的知识点，要不断地进行学习，不断地提升，这样才能更好地教学生。我们不能止步不前，能力需要不断地进行提高。

第三节　高等数学教学中数学思想的渗透与培养

在高等数学教学中，为准确把握及有效应用高等数学知识，必须具备良好的数学思想。本节将简要讨论数学思想在高等数学教学中的渗透和培养，希望能够在未来帮助数学教学更好地开展。

针对当前大学生数学学习的现状，可以发现数学思想的教学在高校数学教学中具有十分重要的意义。"渗透性"是数学思想和方法应用的初始，同时教师应当带领学生在学习过程中做好小结，在考核时也能对数学思想方法进行有效利用。数学思维方法的普及化可以提高学生学习数学和提高数学素养的能力。

一、数学思想在高等数学教学中的渗透意义

有利于提高学生的数学能力。为提高学生数学能力，需不断提高学生数学基础知识，但是即使提升数学知识，也不能将知识直接转换成数学能力。数学能力水平取决于数学思维方法的掌握程度。当意识达到一定高度后即发生质变，从而构成理性认识，也就是我们所说的数学思想方法。学生的认知能力提高后，对培养学生的数学能力非常有利。

有利于培养学生的创新思维能力。实践意识和创新意识的培养是高等数学思维方法的首要目标。学生在具备原理后，逐渐构成类比，随后将其迁移到相关实践与学习中。学生在掌握数学思想方法后，有利于促进数学知识迁移，将知识逐渐转变成能力，最终形成二次创新。因此，将数学思维方法融入数学教学不仅可以帮助学生掌握数学知识，还可以帮助学生在掌握知识的基础上实现创新。

有利于培养学生的可持续发展能力。在学生未来就业中，数学素养对于工作韧性的建立是非常有利的，它也可以培养学生的可持续发展能力。由于教师很难在有效时间内将全部适用于未来发展的知识与方法传授给学生，所以为解决好上述问题，有必

要在高等数学教学中渗透数学思维方法，使学生掌握大量的策略方法和数学思想，有助于提高自身素质。让学生获得更广泛的知识，最终通过数学思维解决问题。因此，在高等数学教学过程中，运用数学思维方法有利于培养学生的可持续发展能力。

二、有效的渗透和培养数学思想和方法

构建数学思想体。为实现深入"渗透"，首先应形成一定体系。数学思想形成一定体系后，能够使思想循序渐进地推进。作为最基础环节，教师要能够通过教材知识，使学生掌握数学思想及相关概念。逐渐渗透"数学思维方法可以帮助学生理解和构建知识系统，使学到的知识不再是零散的"。当系统逐渐完备后，可以提高学生的数学思维能力，最终提高学习效果。数学知识是数学方法的载体，也是数学的本质。在定理、概念和性质的教学中，教师应该继续渗透相关的数学思维方法，这也是指导学生参与结论探索、推导和发现的过程。

与实际问题相结合。想要将数学思想方法真正落实到实践中，应当将数学建模思想作为其纽带，将思想方法与实际问题进行联系。教师可以利用实际问题、现实问题、数学建模等多个形式，展现出数学建模的本质思想，并且与学生所提出的实际问题进行联系。例如，针对北方双层玻璃问题，教师可以对学生进行有效引导，创建间层空气、玻璃、热量散失区间等数字模型，并且根据模型总结假设因素、变量、常量、数字符号之间的联系，随后与单层玻璃热量流失情况进行实际比对，帮助学生理解生活与数学知识的关系，让学生正确运用数学概念处理实际问题，最终提高学生解决实际问题的能力，也为他们未来学习数学提供动力。

将数学思维渗透到新知识中。在运用数学思想方法的过程中，离不开新知识的教学。这要求教师将新知识转化为自己的能力，整合教学内容，并且将定义所引发的定理、意义、公式等较有辩证理念的方法传授给学生。比如在学习极限过程中，首先教师可以为学生介绍知识相关背景，随后利用实际案例对极限进行讲解，再讲解定积分、导数等定义，最后运用数学思想将处理极限问题的方法展现出来，逐步渗透给学生。

在小结中提炼思想方法。数学思想是学生形成一定数学认知的基本途径，同时也是学生将数学知识转换为数学能力的重要纽带。在高等数学中相同的内容可能包含多种思维方法。在高等数学的相关小结中，运用思想提炼等方法能够帮助学生有效地找到学习知识的"捷径"。通过这种方法，我们可以有效地避免过度追求数学思维方法教学的问题，也可以促使学生对知识的理解有一个质的飞跃。同时，还要注重学习，着力突破学习中的困难和关键问题，并运用数学思维方法来处理这些问题。重复运用数学思想与方法对问题进行解决，最终能够实现对数学知识的加深和巩固。

综上所述，在高等数学教学过程中，教师应该运用数学思维方法来提炼具体知识并整合规划。在此过程中需要教师能够以标准的、有计划的、有针对性的数学思维方

法进行深入"渗透"。另外，教师还应根据课程内容设计类别和特点，以实现数学思想的有效应用，避免流于形式。另外关于高数相关概念的学习，教师也应该运用数学思维方法，打破概念学习的抽象性，便于学生更有效地掌握概念内涵；遇到公式证明或者定义讲解时，可引导学生运用相关数学思想进行关联与思考，如发散思维、微积分思想等。需要注意的是将数学思维方法应用于高等数学教学中是一项长远细致的工作，并非一蹴而就，因此高数教师对数学思想的渗透研究应该更加重视。

第四节　文科生在高等数学教学中的兴趣培养

大学文科高等数学教学面临的最大问题是学生的基础薄弱，数学思维与逻辑性偏差造成的兴趣缺失。培养文科生对高等教学的兴趣是能否让文科生学好高等数学的前提和关键，但兴趣培养是一项针对性非常强的系统工作，必须在教学观念、教学方式、教学内容上精心安排与设计创新，同时注重课后与学生实施互动，从而增强文科生学好高等数学的信心。

文科生学数学一直是教育界的老大难问题，但数学作为学生小学到高中的必修学科，其培养学生数学逻辑思维与思辨能力的重要作用是不可替代的，高等教育虽然已进行学科分类，但仍有不少文科生需要学习高等数学，这也是打造高素质人才的应有之义。文科生学习高等数学最大的难题并不在于学习内容难易程度本身，而是在于文科生本身数学基础较理科生薄弱，对相对枯燥乏味的数学逻辑与公式的畏惧与抵触情绪。因此，对于高等数学教师来说，培养文科生对高等数学的兴趣成为文科生能否学好这门看似不属于自己擅长学科的关键所在。

高等数学的抽象性与复杂性，是不少文科生进入高校接触这门学科后认为比高中数学难上加难的第一印象。诚然，在不否认这一客观事实的情况下，文科生想要在千军万马独木桥的高考中脱颖而出，也必须在本认为比初中数学更难的高中数学上取得优异的成绩。在高中文理分班分类参加高考的现实背景下，从教学者角度来看，高中文科数学与理科数学的难易程度比其实并不高，但对于学生来说退一步可能就海阔天空，容易一些也比难一些强。按照这个心理逻辑出发，可以发现文科生学习高等数学在兴趣问题上存在下面几个问题。

首先，高中学习模式的思维定式无法轻易打破，让文科生面对高等数学时望而却步，提不起兴趣。从普遍性角度看，一般高中分文理科时，选择文科的往往是成绩相对不理想的学生，也就是说，分科已经让选择文科的学生在心理上有了自卑倾向，认可自身在学习能力上的薄弱程度，在面对相对复杂的数学学习时也就破罐子破摔了。这一思维定式一直保持到高考结束后，甚至不少文科生并不知道进入大学后仍然需要学习数学，加上"高等"二字，更是雪上加霜。从考核标准来讲，高等数学考试以60分为及格线，远不及高考对高中数学150分设置的考核值高，不少文科生便抱着既然不感兴趣就应付及格的态度参与学习，自然学习效率提升不起来。从教学内容本身来讲，由高中常量到高等数学变量的转化，涉及思维方式的升级转化，对于文科生来讲，本就薄弱的数学思维逻辑更加难以转化，难以适应，更别说灵活运用或举一反三，不能形成较完整的知识体系，不少学生便采用死记硬背公式等文科式的学习方法。数学思维逻辑与现实运用关联对于文科生来说是割裂开的，也就是说文科生难以将数学学习与学习目的性和实效性有机关联起来，便产生了数学无用论等消极态度与说法，也就更难产生学习兴趣，甚至产生厌学情绪。

其次，从教师角度来看，缺乏耐心与方法的任务式教学让本来就提不起兴趣的文科生无法配合。一方面，就目前高校教师招聘门槛要求来看，高等数学教师教学水平和经验不可谓不足，但缺少对基础较差如文科生的耐心和方法，甚至缺乏责任心的教师不在少数。从观念上对文科生产生"冥顽不化""笨"等歧视态度，决定了有这种态度的高等数学教师不会花心思考虑如何提升文科生对所授学科的学习兴趣；另一方面，想要教好文科高等数学的教师也存在不少对文科生水平、能力、基础把握不准的现象，难以照单抓药，药到病除，在教学方法选择上习惯性认为经验至上，不愿意为文科生做根本性改变，简单地认为面对文科生多讲点、讲细点即可，填鸭式教学并没有顾忌文科生的食量与胃口，到最后还是让学生闻不到"香"。再者，不少高等数学教师自身从事理科行业已久，不能清晰地对比文科生与理科生的差异，如果一门心思造学问，两耳不闻窗外事，不能把握数学学科与人文学科的关联性，也就无法掌握文科生的关注点或兴趣点，无法从内心唤起文科生对数学运用的积极性与主动性。在授课方式上，有不少专家研究表明，许多教师包括高等数学教师的授课方式会不自觉地模仿自己在学习本专业过程中授课教师的模式，不少教师很难做到分类指导、因材施教，无形中将自己的固有模式强加给文科生，也就增加了文科生的学习负担，降低了他们的自信心，使他们失去了学习高等数学的兴趣。同时，也有不少教师认为，文科高等数学并不是文科生的专业核心课程，教授得好不好、学生学得好不好、有没有兴趣，根本无足轻重，甚至有的学院自上而下不重视，文科高等数学与教师科研成绩基本很少挂钩，也不影响什么，最终一团和气，学生便更加没有了对学习必要性的认识，学习也就没了兴趣。

从教育管理与专业学科设置目的来看，要求文科生学习高等数学是综合性高素质人才培养的应有之义。教育普遍化的当下，教育不再是一项简单的任务或责任，而是教育者与参与者共同的社会义务，对教育者而言培养自己专业方向的实用人才是必要的，培养综合性专业人才更是大势所趋；对学生而言，接受普遍教育，学习不同学科，增长的不仅仅是知识本身，更多的是在学习中成长，养成自己的学习习惯，用丰富的知识体系实现自身社会价值。因此，培养文科生学习高等数学的兴趣恰恰是每一名高等数学教师创新教学观念、方式和内容的第一阵地。

首先，创新教学观念，成为文科生高等数学学习的协助者和促进者。这要求高等数学教师在面对文科生教学时必须改变以往的观念，不能将自己简单地定位为高等数学知识的掌握者和传播者，更是高等数学思维方式，培养学生思辨能力的引导者。不仅需要让文科生弄懂知识，知其然也要知其所以然，授人以鱼不如授人以渔，必须注重培养学生的观察、归纳、演绎、推理能力，在提升能力的基础上不断挖掘学生兴趣，在善于思考的环境下给予文科生更多的自主空间去消化吸收，领悟数学的"灵魂"所在，变教师主动灌输为学生主动学习，提升学生数学素质的同时，夯实学生的整体素质基础。这也要求教师必须加强自我要求，在自我素质不断提升的前提下，将自己的教学观念融入到具体的教学实践中去，让学生感悟到数学的魅力。

其次，因材施教，针对性创新教学手段，让文科生在高等数学教学中品味学习的甜蜜。在高等数学课堂教学中，教师要引导学生主动参与，设计带有启发性、探索性和开放性的问题，调动他们学习思考的主动性和积极性。引导学生运用试验、观察、分析、综合、归纳、类比、猜想等方法去研究探索，在讨论交流和研究中去发现新问题、新知识、新方法，逐步找到解决问题的思路。解决一个个开放性问题，实质上就是一次次创新演练。要注意培养学生的发散思维能力，激发学生学习数学的好奇心和求知欲，通过独立思考，不断追求新知，发现、提出、分析并创造性地解决问题，在课堂上，要打破以问题为起点，以结论为终点，即"问题－解答－结论"的封闭式过程，构建"问题－探究－解答－结论－问题－探究……"的开放式过程。在解题教学中，交给学生学习方法和解题方法的同时，进行有意识地强化训练：自学例题、图解分析、推理方法、理解数学符号、温故知新、归类鉴别等，在过程中形成创新技能。课堂的提问、课后作业的编制应该重视推出开放性问题，只有这样，才能结合文科生特点，培养学生的创新精神和创新能力，从而提升学习兴趣。同时，信息化引领科技时代，教学手段必须结合时代特点进行变革，在教学过程中教师要掌握并充分灵活运用多媒体技术，优化教学过程的同时，也能提升学习质量，让静态的知识动起来，让抽象的知识具体化，让枯燥的知识趣味化，让复杂的知识细致清晰化。但是也要注意，对于大学文科高等数学而言，并不是所有的内容都适合运用多媒体进行演示。比如，一些例题的演算，如果只是把解题过程直接搬运到投影上，实质上也就是省去了教师板书的功夫，这样只会让学生觉得把书本上的文字内容放到了投影上，并不明白其中抽象与具体的推理和计算过程，这样的操作无疑是无用的，相反，用板书的同时和学生进行精细化互动，启发学生的逻辑思维，可以大大提升学生的参与度与自我认可，比一味地为了用多媒体而达到创新效果好多了。

最后，精选教学内容，在广泛应用中让文科生自我感悟数学的魅力。文科生的人文互动性较强，教学本身就是一种教与学的双向互动，大学文科高等数学应针对文科生的专业实际，采用其习惯的如调查研究、问答思考模式，为文科生找到学习高等数学的目的和初衷。比如高等数学中有许多文科生可能比较感兴趣的，如能够运用到实际生活中的一元微积分、部分线性代数微分方程和概率统计等，通过教学可以让文科生习惯地从学习中能够立即明白，我学了之后马上能做什么，能够快速提升效率。这就要求教师在教学方式上多采用应用推理，理论结合实际，多选取生活中、历史上的数学运用经典案例，少一些公式解读、枯燥罗列计算，通过案例效果来让文科生明白数学在社会历史发展中的重要性与必要性；少一些空洞解释和赘述，让学生自己解读感悟。同时，可以利用成功的数学模型，让学生能够立即明白学好数学今后能够为自己带来什么。对教师自身而言，教学内容是什么，也就是能教出、教会学生什么往往是由其本身的知识储备、能力创新、丰富的教学经验和教学技巧决定的。因此，一方面，大学文科高等数学教师还应该不断地加强学习新知识、研究新问题，提高学术理论和水平，才能不断将传道授业解惑推向新的顶点。另一方面，高素质教师培养高素质学生，兴趣教师培养兴趣学生，培养文科生对高等数学的兴趣，教师必须不断挖掘学科内涵，将教学事业上升为兴趣和爱好，并通过自身的感染力让学生体会学好一门学科的重要性。

第五节 高等数学教学强化学生数学应用能力培养

在高等教育中，高等数学是一门极其重要的基础性学科。在高等数学的教学和学习过程中，一方面要注重学生逻辑思维能力的锻炼，另一方面要更加注重学生数学应用能力的培养，真正地实现学生的学以致用。本节首先对当前大部分高校中高等数学教学过程中学生数学应用能力培养的现状进行了梳理，然后对造成当前现状的原因进行了探析，在此基础上，从高等数学的教学方法、教学内容等方面论述了如何强化学生数学应用能力的培养。

当前，我们正处于信息技术科技高速发展的时代，信息技术的发展给我们的生活带来了很大的影响，为我们提供了很多的便利。而科技的发展，离不开数学知识的运用。当前，高等数学是众多高校的基础性必修课程。任何学科教学的目的，都在于应用与问题的解决，高等数学也是如此。高等数学教学的关键就是提高学生灵活运用数学的能力，并且在现实生活中要灵活利用数学来解决问题。但当前，高等数学教学中学生应用能力的培养并没有引起重视，采用的还是传统的教学方式，并没有真正地理解知识传授与应用能力培养之间真正的关系，而这恰恰是本节需要探讨的重点。

一、高校培养学生数学应用能力的现状

国内高校的扩张政策给予了更多学生接受高等教育的机会。高等数学作为一门基础必修性学科，其典型的特点是严谨、科学、精准，所以在实际的教学过程中，教师的教学也遵循了它本身的特点，重点是理论知识的教授与数学问题的解答技巧和方法。这种方法本身没有错误，但并不适合所有的学生，因为有的学生本身数学逻辑思维能力较差，数学基础不牢固，单纯的教授理论知识并不能促进学生的理解与吸收，数学知识与实践应用的结合更无从谈起。这种情况下，学生学习高等数学的重要目标好像是顺利通过考试、不挂科，被动性地背题、练习，主动学习意识较差，无法真正享受数学学习的乐趣，不利于自身逻辑思维能力和数学应用能力的锻炼，长此以往，不利于自身的发展。

二、高校培养学生数学应用能力较差的原因分析

教学内容有待丰富。任何老师的教学、学生的学习都离不开教材。当前，高校应用的数学教材本身更侧重于理论知识的严谨的推理过程，理论性比较强，这使得老师教起来与实践结合性有限，学生学起来觉得高等数学真的是"高大上"，只知其然不知其所以然，久而久之降低了学生的学习积极性。

教学方式有待更新。考试成绩是当前高校所普遍采取的一种检验学生学习效果的主要途径。在高校中，不挂科、顺利通过考试就成为终极目标，应付考试成了学生的常态。在这种学习氛围下，能独立学习、认真探究数学奥秘的学生少之又少。考试固然重要，但是教师也要注重教学过程，在教学过程中革新传统的"灌输填鸭式"教学方法，使学生不仅高分，还可以高能。

学生应用能力锻炼意识较为缺乏。在数学的学习中，问题解决的主要方法是数学建模。对教师而言，数学建模可以更加直观地讲解；对于学生而言，可以帮助他们更加全面、深入地了解某项数学知识。可以说，数学建模是真正的用数学的思维去解决问题。但当前，许多学生并没有建立好这种通过数学模型的建立来解决问题的意识，主动探究性较弱，应用能力锻炼意识较为缺乏。

三、高等数学教学中培养学生数学应用能力的方法

丰富教学内容。高等数学的特点是知识点较多，逻辑推理较为复杂、抽象，许多学生一谈高数就会色变。当前高等数学教材并没有特别针对不同的专业设定不同的教材，专业知识和高等数学的教材内容衔接得不是很紧密，更没有对专业能力的锻炼，

所以高等数学学起来才那么晦涩难懂。所以，要真正地锻炼学生的数学应用能力，首先要对教学内容进行完善，使其与专业的衔接更加紧密。举例来说，如果给医学专业的学生上高等数学，影子长度的变化可以利用高等数学中的极限知识点来解答，影像中的切线和边界可以利用导数的知识点来解决，影子的面积与体积也可以利用积分的知识来求解，这样，专业知识和高等数学的教材内容相互衔接，既可以提高学生的学习兴趣和热情，又能够锻炼学生的实际应用能力。

丰富教学方式方法。第一，优化教学导入环节的设计。良好的课堂教学导入可以快速抓住学生的眼球，激发学生的学生兴趣，促进学生自主思考，然后带着问题去学习。所以，教师有必要优化教学设计，在导入环节应该立足于具有实际应用背景的问题，将抽象、难懂的数学问题与生活实际中的问题相结合，这样既能增加数学的学习趣味性，又能够增强学生的应用意识，使其感受到数学知识的应用其实是非常广泛的。比如，当学习积分知识点的时候，可以天舟一号的发射成功为背景，思考天舟一号发射的初速度怎么用积分来计算和设计。这样，使学生在学习的过程中，增强爱国意识和主人翁意识，每个学生都像科研工作者一样解决每一个问题。

合理采用现代化的教学手段。当前，多媒体教学方式在高校中的应用越来越广泛了，多媒体教学方式的确给我们带来了许多的便利，但我们也不能否认传统板书长久以来的重要地位，所以，可以考虑将二者进行有效的结合，现在，不乏有些教授因为超级优秀的板书而被学生推崇。除此之外，网络教学方式可以根据实际需要合理地引入，微课、反转课堂等方式都是比较好的教学平台或者上课方式。以微课为例，当前很多多媒体平台中的老师都是用的这种方式，此方式简洁、高效、有趣，老师用比较灵活、易懂的方式和例子将一个个知识点进行总结概括，并整理成图片或短视频的形式进行播放，在短时间内能够吸引学生的注意力，令学生有耳目一新的感觉。当前，许多自媒体比如抖音、微视等都有微课的方式，越来越多的老师还有效地用到了网络直播的方式，在与学生互动的过程中还将学生家长融入到了学习过程中，使得学生可以充分地利用自己的时间进行学习，效果特别好。以翻转课堂为例，相比传统的老师讲学生听的方式，这种方式可以充分给予学生参与课堂教学的机会，学生也是教学的设计者，而不仅仅是参与者。

总之，应合理采用现代化的教学手段，充分激发学生的学习热情，在此过程中培养学生的实际应用能力。

将数学文化和建模思想融入到课堂教学中。当前高校的学生大多都是 00 后，这个时代的学生最典型的特征是很有自己的想法，因此，兴趣对他们很重要，一味地填鸭式教学并不适合他们，他们有更强烈的探究欲望，所以，在课堂中，可以将数学文化、发展历史和建模思想融入其中。数学是怎么产生的？它的发展历史如何？有哪些特别有趣的数学家的故事？数学到底有哪些方面的应用？我们的实际生活中哪些地方用到了数学等等，都可以调动学生学习数学的兴趣。比如，极限这个问题，单纯讲很难懂，但是可以先讲一些故事，比如说刘徽的割圆术的故事，或者众所周知的龟兔赛跑等故事，讲解级数的时候，农夫分牛的故事就是很好的例子。数学建模则是将所遇到的问题转化成数学符号来解决，比如讲零点定理的时候设计椅子如何放平的问题等等。

本节主要从丰富高等数学教学内容、教学方式及在教学过程中加入数学文化以及数学建模等方式来改善当前高校高等数学教学中存在的不足，不断激发学生的学习兴趣，真正培养学生的数学应用能力，实现高等数学的教学目标。

第六节　高等数学教学对大学生思维品质的培养

高等数学作为一门重要的基础课程，对于培养大学生理性、严谨、缜密等优良思维品质都具有重要意义。笔者通过在高校工科专业的数学教学的实践，探讨如何运用多种教学方法在高等数学教学中努力培养大学生的思维品质。

当前是一个科技快速发展的时代，社会、生活和经济随之产生了显著的变化。高等数学是高校的一门重要的基础课，它在不同的后继学科以及不同的专业领域的理论研究中起到非常重要的作用。因此，为了深入地开展其他后继学科的研究工作，必须让学生真正掌握好高等数学的知识，重点培养学生高等数学中理性、严谨、缜密等优良思维品质。

一、高校学生和高等数学的特点

高校工科高等数学课一般在大学一年级开设，授课时间为一年。每周 6 课时或 5 课时。作为高校一年级学生，刚从高中进入高校，对于数学的教和学来说，存在两方面的问题：一是学生的学习习惯问题。在初、高中这几年间，学生一直忙着备考，教学偏重于大量的计算，理论知识较少，少量的理论知识需要大量的练习去巩固。学生一直在教师直接、耐心、细致地指导下进行学习。尤其是高中阶段，每个学生的习题集和试卷都是厚厚的一大摞。学生的学习已习惯于在教师的指导下进行，学习的目的很明确，就是为了应考。二是心理适应问题。进入高校，教学方式发生了根本性的变化。从"灌输式"变为"放羊式"，学习主要靠学生的主体性来体现，一改过去强灌的做法。教学工作几乎又在课堂进行，平时教师、学生接触较少，部分学生会出现无所适从的情况，还有一部分学生出现了"进入高校先放松一段时间，玩玩再说"的思想，时间一长就会出现学习困难的现象。

高校工科高等数学主要是作为一门基础课开设的。其特点主要有以下几个：一是时间紧，在一年的时间内要学完本专业将要使用的主要数学知识；二是任务重，课程内容包括微积分（包括一元和多元）部分、空间解析几何、微分方程等内容；三是应用程度高，学生对以上知识不仅要学懂、学会，还要善于在实际中解决问题，这就增加了教学的难度。

二、高等数学教学与育人的关系

教育的终极目标是育人。育人不但包括知识的传授，更为重要的是培养对社会、对各个领域能够起到推动作用的人才。所以，为达到这个教育目标，转变理念是极为关键的。第一，老师通常都是在相应的教学目标与理念的指导下进行教学工作的；第二，对于学生而言，理念也显得十分关键，它不但是指学习及提升理论知识，并且也是培养学习观、自信心等的过程，这对于学生将来的学习有着深刻影响。在高数的教学过程中，可在每一章节之前增加序言，以便能够适当融入思想教育。例如，在讲解极限概念之时以我们国家古代（公元3世纪）数学家刘徽通过内接正多边形演算圆面积的办法——割圆术为例，告诉学生这是极限思想在几何学上的运用，即极限思想最初来自我国的历史事实。以此激起学生的自豪感以及爱国热情，使得他们的学习目标与定位更加清晰。

高等数学中的很多概念十分机械。但是不同分支、不同概念、不同知识点却相互关联，其逻辑性也十分强。所以，若在教学过程中适当地讲解一些数学史方面的知识，不仅能够使课堂气氛更加生动活泼，也能够激发学生更多的学习兴趣。例如，在讲解微积分章节的时候，让学生知道它是数学历史上的重大突破，并给他们介绍牛顿－莱布尼茨定理（微积分基本公式）形成的特殊背景，并告诉学生该定理充分揭示了定积分与被积函数的原函数或不定积分之间的关系。数学史是数学及科学史的分支，在高数教学过程中引入数学史，尤其是理论与实际相结合，不断提高学生的学习激情，提升他们的学习效果。

三、在教学过程中培养学生的思维品质

鼓励学生具有勇于探索的精神。创造性思维的前提就是勇于探索的精神。这种精神的缺失将导致创造性思维的消失。创造性思维不仅表现为做出了完整的新发现和新发明的思维过程，而且还表现为在思考的方法和技巧上，在某些局部的结论和见解上具有新奇独到之处的思维活动。创造性思维是人类思维的一种高级形式，这种思维不限于已有的秩序和见解，而是寻求多角度、多方位开拓新的领域、新的思路，以便于找到新理论、新方法、新技术等等，创造性思维是逻辑思维、非逻辑思维、形象思维、灵感思维等的有机结合，是智力因素和非智力因素的巧妙互补，在创造过程中处于中

心和关键的地位。因此，教师在传授数学知识的同时，要给学生介绍一些数学史，鼓励学生像那些伟大的数学家一样对传统的观念和理论进行批判性的思考，让学生明白，数学的发展是在新的实践基础上批判性地改造前人积累的成果才把数学推向前进的，而不是简单地承袭过去。

开拓学生的思维，培养学生善于探索的能力。作为一门科学，数学是知识、思想和方法的统一体。开拓学生的思维，培养其善于探索的能力，这里的探索能力其实就是指学生把在数学课中学到的知识、思想和方法按照自己的理解深度，再加上自己的感觉，然后在自己头脑中形成的具有一定规律的整体结构的能力。数学教学是提升学生认知结构和个人积累的主要形式。认识的发生和整理是数学教学的两个阶段。而就学生探索能力的培养，整理要比认识的发生更为重要。把传授知识和培养能力有机地结合起来的教育措施就是对学生探索能力的引导。在培养学生的探索能力时，教师还应该掌握一些微观的教学方法论，如归纳法和类比法。以下以类比法为例进行分析：首先通过类比，看到几种积分的定义都是按"分割""近似求和""取极限"三个步骤引出的，并可把它们统一。特别应该引导学生将牛顿－莱布尼茨公式、格林公式、高斯公式、斯托克斯公式进行类比。如将牛顿－莱布尼茨公式视为它建立了一元函数在一个区间的定积分与其原函数在区间边界的值之间的联系；通过类比，就可将格林公式视为它建立了二元函数在一个平面区域 D 上的二重积分与其"原函数"在区域边界 L 的曲线积分之间的联系。以此类推，可将格林公式、高斯公式、斯托克斯公式都看作牛顿－莱布尼茨公式的高维推广。

鼓励学生发散思维，优化学生思维品质。发散思维是一种重要的创造性思维，具有流畅性、多端性、灵活性、新颖性和精细性等特点。思维的多向性是发散性思维的本质特征，主要表现就是多方向、多角度和多层次地对已知的信息进行分析思考、汲取和重组信息，从而使思维不墨守成规，善于开拓、变异并提出新问题。寻求问题解答采用多种途径进行，这种思维方式对于培养学生创造性思维具有更直接和更现实的意义。在高等数学教学中，教师培养学生的发散思维时，一题多解、一题多变是非常有效的方法。

教师的传授与学生的学习其实是一个互动的过程，是双方共同解决问题的探究活动。在教学过程中鼓励学生参加教学的整个环节，是有效地激发学生进行创新性思维的有效方法。教师利用启发式的教学，运用好提问等教学技巧，全面开拓学生的思路，拓展学生思维空间，让高数教学的整个过程成为大家的探究过程。

第七节　高等数学教学过程中大学生数学竞赛能力的培养

在当前的高等教学中，数学作为重要的基础课程被普遍性地设置。之所以要重视数学课程的设置，一方面是数学本身具有较强的实用价值，另一方面是数学与其他专业的发展进步有着密不可分的关系。在高等数学的教学过程中，老师对于学生的竞赛能力培养十分重视，主要是因为这种能力培养模式可以强化学生学习的动力，从而促进教学的综合性发展。为了对竞赛能力培养有更加清楚的认识，本节就高等数学教学过程中的大学生数学竞赛能力培养进行全面的探讨。

高等数学是现阶段高等教学中的重要科目，在高等数学的教学过程中，需要进行多种能力的培养，而竞赛能力只是其中的一种。之所以在高等数学的教学中要培养竞赛能力，主要是有三个方面的原因：一是竞赛能力的内涵是竞争性，培养竞赛能力其实就是在激发学生的学习竞争力，通过对竞争力的挖掘，学生的学习环境氛围会更加浓厚，这有利于教学的发展。二是数学学习具有灵活性和逻辑性，竞赛能力的培养能够激发学生的创造力和灵活性，而且在过程当中还能保持严密的逻辑性，所以说竞赛能力的培养能够提升学生学习的综合性。三是竞赛能力的培养有助于实现教学的提升和改革。竞赛能力的培养需要不断地进行教学模式的更新和改变，这对于推动教学的持续化改革意义重大。简言之，就是在高等数学的教学过程中进行竞赛能力的培养有着重要的意义。

一、高等数学教学中竞赛能力培养的必要性

从目前的高等数学教学现状来看，要想提升综合教学成果，需要对学生的能力进行全面的提升，而竞赛能力作为学生的一项重要能力，不仅对数学成绩的提高有帮助，对学习意识的培养也有重要的促进作用。所以说，高等数学教学中竞赛能力的培养在整体教学进步中有着必要性。

教学现代化发展的必要。在理念和思想不断更新的情况下，我国的现代化教育获得了巨大的发展。从目前的高等数学教育来看，要实现高等数学教学的现代化发展必须要进行学生综合能力的提升，而竞赛能力作为学生的一项重要能力不能被忽视。新时代的高等数学教育要求其实际价值得到提升，所以在教学中要进行实践性的强化。过去的"灌输式教学"及"填鸭式教学"明显不符合现代教育创新发展的理念，所以在具体教学的过程中需要学生打破常规，实现自我能力和自主意识的提升。竞赛能力培养中突出的竞争意识对于学生的动力提升及创新发展有着重要的价值，因此说竞赛

能力的培养是现代化高等数学教学发展的必要因素。

学生自主学习能力提升的必要性。学生的自主学习能力对于教学的进步有着重要的影响，简言之，学生的主动性越强，教学的进步就会越明显，教学方案以及策略的实施会更加有效。竞赛能力作为一种重要的提升学习动力的能力，在高等数学教学的过程中进行强化，有助于培养学生的自主意识和竞争意识。在素质教育阶段，学生能力的比拼大都在伯仲之间，所以要想真正实现竞争力的加强，必须要进行自我能力的提升和突破，而竞赛能力就是提升和突破的动力。因此说，从学生自主发展的角度考虑，培养竞赛能力的必要性十分显著。

综合性教学成果提升的必要性。在现代高等数学教学的过程中，其综合性有了明显的加强，而要想实现教学的综合进步，需要学生在思维及能力方面有更加全面的提升。竞赛能力看似是单一能力，其实具备了多方面的能力以及意识，所以进行竞赛能力的培养是综合性教学成果提升的必要内容。

二、高等数学教学中大学生竞赛能力培养遇到的问题

模式的滞后性严重。就目前高等数学教学中大学生竞赛能力培养来看，遇到的突出问题就是教学模式的滞后性比较显著。竞赛能力在传统的高等数学教学中并不受重视，只是在近年来数学竞赛不断增加和高校知名度扩展的要求下，高等数学教学对于学生的竞赛能力有了更高的要求。简言之，就是竞赛能力是现代高校在高等数学教学的过程中需要培养的一种新能力。因为竞赛能力具有新颖性，而传统的教学模式又具有封闭性，所以其相对于竞赛能力的培养而言就具有了滞后性。总之，就是竞赛能力的新颖和教学模式的传统发生了碰撞，由此显现出了模式滞后的具体问题。

方法的单一性显著。方法的单一性显著也是目前高等数学教学中竞赛能力培养遇到的一个普遍性问题。从具体的探究来看，大学生个体的学习能力存在着差异性，其对于竞赛能力的理解和接受程度也有明显的差异。所以，统一的方法利用显然不适合针对所有学生的竞赛能力培养。目前的高等数学教学，利用的方法基本都是传统的课堂授课法，虽然有时候老师也会使用合作研究及小组探讨等教学方法，但是毕竟利用的比例较少，所以效果不明显。简而言之，目前高等数学教学中利用的单一化教学方法忽视了竞赛能力具有的多样性特点，所以达不到竞赛能力培养的全面性，也正是因为如此，学生的竞赛能力表现较弱。

教学队伍的专业性较差。教学队伍的专业性较差对于大学生竞赛能力的培养也有着重要的影响。就目前的高等数学教学分析来看，从事教学的老师，其传统教学能力比较强，但是创新思维以及改革性教学的理念比较弱，而这些内容正好是竞赛能力培养需要的东西。简单来讲，就是目前的高校数学教师，大都不具备大学生竞赛能力培

养的理论基础，在实践方法及利用手段方面也存在着较为明显的缺陷，所以整个竞赛能力教学培养队伍的专业性显得比较弱。专业性差，竞赛能力培养自然受到了限制。

竞赛能力培养的机制不完善。竞赛能力培养的机制不完善也是目前高等数学教学中大学生竞赛能力培养存在的一个显著问题。从教学实践来看，要想培养学生的竞赛能力，必须要强化学生的竞争和竞赛意识，同时也要打造浓厚的竞争氛围，在这样的环境熏陶下，学生的竞赛能力才会有所加强。但是目前的高等数学教学，一方面是在课堂教学的过程中，对于竞争、竞赛的重视度不够，所以对学生的意识强化做得不到位；另一方面是在竞赛组织以及激励机制施行等方面存在着相对的滞后，所以整个竞赛能力的机制显得较为凌乱，缺乏系统性，由此导致了竞赛能力培养方面的缺陷。

三、高等数学教学中大学生竞赛能力培养的途径

方法创新。高等数学教学中大学生竞赛能力要进行培养，一个典型的途径是方法的创新。从本质上而言，竞赛能力的培养其实就是对学生原有思维的一种打破和更新，而我国的高等数学教学模式和方法具有较强的统一性，在这样的统一化教学中，学生的逻辑思维受到的固化比较严重。在竞赛能力培养的过程中，首要的任务就是进行思维打破，而要达到打破思维的目的，必须要运用和传统教学不一样的方法，所以说在高等数学教学中方法创新的地位十分显著。从目前的高等数学教学现状分析来看，由于网络技术、信息技术以及多媒体技术在教学当中有了充分的运用，原有的教学模式受到冲击，教学方法也有了改变，所以说竞赛能力培养的有利环境已经形成。

内容更新。在高等数学教学中的大学生能力培养途径的研究中，另一个重要的途径就是进行内容的更新。高等数学教学的内容统一性较强，新意比较弱，所以大部分的学生对高等数学的兴趣度不高。竞赛能力培养和传统的学生能力培养具有差异性，所以需要在内容上进行改变，这样，其内容才能够符合能力培养的需要。在具体的内容更新上，需要增加两部分的内容：第一是实践性的内容。通过实践性内容的增加，培养学生实践问题的解决能力，这对于打造其竞赛能力有着重要的帮助。第二是进行延伸性内容的增加。所谓的延伸性主要指在课堂内容的基础上对内容进行延伸和扩大，这样，可以有效地打开大学生的知识结构体系，使其认知范围有进一步的发展。总而言之，无论是实践内容的增加还是课堂内容的扩展，对于竞赛能力培养的帮助都是巨大的。

四、高等数学教学中大学生竞赛能力培养的措施

深化培养模式的改革，实现模式的先进性发展。就目前的高等数学教学中大学生竞赛能力培养措施来看，一项重要的内容是进行培养模式的改革，从而实现模式的先

进性发展。从教学实践来看,教学模式和培养策略对于学生的能力提升具有重要的意义,所以就模式的深化改革来看,主要有两方面的内容:一是在竞赛能力培养的过程中利用小组竞争的模式。举个简单的例子,在某32个人的班级教学中,确定教学内容后将其分为4个小组,分别在小组内设立1个组长和2个副组长,由老师进行教学内容的布置,然后由小组进行综合探讨和研究,最后由老师进行研究成果的评比。通过这种小组评比的模式,班级内的竞争氛围得以建立,学生的竞争意识有所提升。二是在教学的过程中利用个人竞赛的模式实现对学生竞赛能力的培养。所谓的个人竞赛主要指的是在教学的过程中将每一个内容都当作竞赛主题来进行学习,这样,学习和竞赛有机融合,学生的竞赛能力得以培养。

利用新技术实现教学方法的多元化。在高等数学教学中要进行大学生竞赛能力的培养,方法利用的多元化也是必不可少的。从竞赛能力的基本特点来看,其不仅要具有基础性,还要具有创新性、研究性和灵活性,在综合考虑这些因素的基础上,培养学生的竞赛能力可以使用项目驱动法、模型构建法和实验研究法。所谓的项目驱动法,主要指的是利用实际项目的完成来对学生的综合能力进行锻炼。比如在教学中,就高等数学在生活实际问题的解决方面设立一个项目,老师进行项目目标的明确,然后由学生自主完成项目的实施过程。在这个过程中,学生的主动性、创造性及对各方面因素的综合考虑能力都会得到发挥,学生的整体能力能够得到锻炼。模型构建法,主要指的是利用高等数学的基本原理进行问题研究和解决模型的搭建,并在构建模型的基础上进行相应问题的演算,这样,学生对于高等数学的理解会更加的深刻。试验分析法,主要是利用实验室的数据研究进行问题的解决。简而言之,这三种方法对于学生竞赛能力的培养都有突出的价值,所以,根据内容和教学实践进行针对性地利用对学生帮助巨大。

积极地进行教学队伍的更新和完善,打造其专业性。积极地进行教学队伍的更新和完善,打造其专业性也是现阶段高等数学教学中大学生竞赛能力培养的重要措施。大学生竞赛能力的培养相比普通教学难度更大、复杂性更强,所以需要更加专业的老师。就"专业"而言,一方面指的是老师对于竞赛能力要有全面的理解,对于竞争力的概念和内涵要有详细的解读;另一方面是指在教学中,老师能够科学地运用方法和手段实现对学生竞争力及竞赛能力的提升。简言之就是在大学生竞赛能力培养中,老师不仅要有概念上的基础认知,更要有实践上的专业判断,这样,其对学生竞赛能力培养的帮助才会达到最佳。基于此,要积极进行对老师概念理解力的加深和实践方法运用方面的培训,打造出竞赛能力培养的专业化队伍,对学生成长十分重要。

构建完整的竞赛能力培养机制。构建完整的竞赛能力培养机制对于大学生竞赛能力的培养同样有着重要的意义。就竞赛能力培养机制的完整构建来看,主要包括三方面的内容:第一是课堂体系的构建。在课堂教学中,不断地进行竞争、竞赛理念的灌输,这样，竞争、竞赛的理念会深入每一个学生的心中。有了理念做支撑，之后的竞赛能力培养的行动阻力会大幅度地减少。第二是在课堂教育之外积极地进行数学竞赛的组织。为了扩大竞赛的影响力，最好是以院校为单位进行宣传和组织，这样，数学竞赛的氛围会遍布高等教育的各个环节。第三是在竞赛基础上建立完善的奖励机制，实现竞赛和奖励的完美契合。有奖励的激励作用，加之学生竞争意识的强化，整个校园的竞赛氛围越加的浓烈。简言之，就是从课堂到院系、再到整体校园，通过竞赛组织和奖励机制的有机融合，全方位的竞赛能力培养机制才能得以构建。

高等数学教学在现阶段的高校教育教学中占有重要的地位，积极地进行教学发展有着重要的现代化价值。在目前的高等数学教学中，培养学生的竞赛能力不仅对学生有着重要的作用，对于提升学校品牌形象也有着重要的帮助，所以要积极分析在竞赛能力培养中出现的问题，然后研究培养途径以及具体的竞赛能力培养措施，意义重大。全面地分析现阶段高等数学教学中竞赛能力培养当中存在的问题，然后研究竞赛能力培养的基本途径，之后对竞赛能力培养的具体措施进行分析和研究，能够为高等数学教学的竞赛能力提升提供理论帮助，进而实现教学实践的完善和提升。

第五章 新时代背景下大学数学教学中教师的作用

第一节 大学数学教师学科能力发展

随着社会的不断发展与教育改革的不断深入，高校教育的目的不仅仅是培养学生的专业知识和技能，同时也更加注重提升学生的综合素质和创新能力。因此，高校教育对于学生未来发展的重要性不言而喻。数学是一门集科学思考与创新探究于一体的学科，高校学生学习数学，不仅能够帮助自身建立更加全面系统的理性思维方式，同时还能提高自身的综合素养，为自身在踏入社会后取得更大的发展打下基础。因此，大学数学教师需要注重不断提升学科能力，在教学与科研中都能够与时俱进、不断创新，以先进的理念和过硬的专业素质来培养人才，为学生的发展和数学学科的发展不断注入新的动力。

在当前社会中，大学生已经十分普遍，因此，高校教师的工作压力也逐渐增加。在这种情况下，高校教师更应当注重教学能力及学科能力的提高，这样才能做到对每一位学生负责，保障学生未来的长远发展。数学在学生的受教育阶段是一门十分重要的基础学科，其他学科的学习都离不开数学的基础知识，同时，学习数学能够锻炼学生的逻辑思维能力，为其专业课程的学习打下基础。大学数学课程有一定难度，对于部分数学基础较为薄弱的学生来说，学习可能会感到吃力。此时，大学数学教师就应当及时审视自身的教学情况及学生的学习情况，不断更新教学理念，保持与时俱进的心态，以扎实的专业能力带领学生进行学习和研究。教师注重学科能力的提升，除了是对学生负责任的体现外，同时还有助于教师个人未来的发展。因此，大学数学教师应当在工作中以创新的思想培育人才，不断学习和研究，随时保持充电的状态，提高个人的专业素养和科研能力，为人才的培养、社会的发展贡献一份力量。

一、以创新性思想培养人才

在经济全球化的大趋势下，创新教育亦是大势所趋，在创新教育中尤为关键的就是对人才的培养。创新人才的培养不是一蹴而就的，是一项系统而繁杂的工程。就我国当前高校的数学教育局面而言，其仍是一种以老师为主导的、未脱离传统的教学方法，因此，欲达到创新人才培养的目的，高校教师应提高职业素质，转换职业角色，从填鸭式、灌输式的教学方法向启发式、引导式的教学方法转变。

从教育角度而言，创新人才包括创新思维。就创新思维而言，高校老师可以从如下角度着手，如学习函数这种抽象的内容时，可以从投篮、桥梁设计方面出发，引导学生摒弃数学只存在于学书本，与实际应用无关的观点，结合实践教学，激发学生主动学习的精神，先抛出桥梁设计问题，然后在总结设计经验时引入函数概念，让学生从认识函数的实际意义到全方位剖析函数这一概念，这样不仅能让学生主动学习，也能让学生在实践中深化理论知识，做到思维方式的创新。当然，这一角色的转换对高校教师提出了要求，它要求高校教师具有非凡的敬业态度和教育操守，掌握先进的教学方法，不断地激发、引导学生思考、创新。

二、注重培养自身研究能力

对于大学数学老师而言，教学是其工作中最为重要的内容。教学一方面可以向学生传授知识，让学生掌握更多、更深层次的内容，另一方面又可以通过对学生在学习中遭遇的疑难问题的解答，不断地开阔学生的视野。但是，学习不仅仅是学生的事情，大学数学老师也需要不断补充知识，对其而言，主要体现在培养自身研究能力方面。

在信息爆炸的时代，作为老师，尤其要注重培养自身研究能力，如果说教学是将理论知识付诸实践的话，那么培养研究能力就是理论学习的深化与加强。一方面，通过将课本、教学计划上的知识传授给学生的过程来锻炼其教学能力；另一方面，理论知识的研究和研究能力的提升，可以很好地沉淀和升华其理论水平。就培养研究能力而言，可以通过各种途径了解学科前沿资讯，整理、记录热点、焦点，通过撰写相关问题的论文进一步对相关问题进行研究。在研究能力培养的同时，将大学数学老师的自身研究成果融入到实际教学中来，让学生也意识到数学的重要性，激发其学习的积极性，培养创新型人才。

三、充分认识数学与其他学科的联系

从数学发展的历史而言，其脱胎于其他自然科学，在工业革命发展过程中成为一个独立学科，即使如此，数学也和生物、物理、化学、经济、计算机等学科有着千丝万缕的联系，更是来源于生活，服务于生活。生活中处处可见数学的影子。所以，对于大学数学老师而言，更不应该在教学过程中割裂数学与相邻学科之间的联系，反而应该对学生阐明它们数学之关系，并渗透到日常教学当中。

例如在道路建设过程中讨论最短距离的取得上，可以引进物理学中的反射原理，这样在遭遇山地、河流等复杂地形时就可以更好地解决问题。建立数学模型也是一种常见的将数学和其他学科结合起来的情形，它有助于将解决纯数学问题转换成数学在实际应用中的价值体现。另外，尽可能地将纯数学问题与实际问题结合起来，也可以增加学习数学的趣味性，开拓学生的视野。当然，要让学生建立数学与其他学科的联系，也需要老师对数学有宏观的把握，只有这样，才能做到春风化雨、深入浅出。

综上所述，大学数学教师的发展关系到学生的未来、社会的进步，因此，大学数学教师应当保持空杯心态，注重学习先进的知识与教学方式，这样才能紧跟时代发展的步伐，为教育的发展注入更多新的动力。

第二节　大学数学教师利用科研对教学提高的影响效应

对高校教师科研与教学关系的研究中，提出了大学数学教师如何利用科研与数学教学协同发展，进行了科研与教学在数学课中的实践活动，使教师和学生通过科研工作，提高了创新的能力，取得了科研工作的效果。

武书连是我国大学评价和排名领域的知名专家，他的中国大学评价标准虽然不是政府对大学的评价，但是这种评价对学校、教师、学生、家长和社会都有巨大的影响。在中国大学排名中提到的一种评价指标是由对高校"人才培养""科学研究""综合声誉"三个指标的定量分析构成的。其中科学研究的定量分析是以等级和数量为基础，因此，高校对于科学研究的关注，必然会体现在政策上给予支持，而这种科学研究和学校的教学水平有着必然的联系。而数学课是理工科大学的基础课，既然数学课是研究自然科学的工具，那么在数学教学中，应使学生在掌握数学的基础时就与自然科学研究联系在一起，使学习数学知识与科学研究结合在一起，后续在对应用科学课程的学习过程中利用数学知识揭示自然科学的秘密，因此人们常说学好数学是为今后的学习打下坚实的基础。高校教师对如何进行科研工作，一直存在较大的困惑，大学数学教师在教学中着重培养学生良好的个性品质和学习习惯，但是关于数学教学如何在"人才培养"和"科学研究"方面进行培养，还需要认真思考和在实践中进行摸索。

一、高校教师科研与教学的关系

高校对教师的评价标准和激励政策涉及教学和科研两方面，虽然也有教师成为教学型教授，但是成为教学型教授的仅是少数教师，就算是这些教授也感到在科研上的确有短板，起码在学术研究上有不足之处。因此，在大部分高校中大部分教师还都存在着"重科研"而"轻教学"的现象。实际上在高等学校里，教学和科研这两方面工作在本质上并不矛盾，教学和科研实际上是相互促进的，但是由于有的高校为了创办研究型大学，而片面地强调科研特色，在科研工作中，提供了许多优惠的条件，因而使有些教师产生了"重科研"而"轻教学"的现象。这种现象在教师身上的表现就是只注重科研，追求论文的数量，而在备课和课堂教学上花费的时间和精力就少了，在思想深处对教书不感兴趣，不下功夫，就会导致教学水平下降。当然，如果只教学不进行科研，同样对以后的教学有制约作用，不能用知识去创新，那么这种知识学来有什么用处？因此，高校教师的教学和科研工作必须相互促进，提高自己，培养学生。

二、科研如何与数学教学协同发展

在高等学校里，科研与教学工作对教师的要求缺一不可。教学是传授知识，是主要的实践活动，是实现高校教育目的的基本途径。高等学校的各项工作一定要以教学为中心，努力提高教育质量。科研是发展和创造新知识，有助于丰富教学内容，提高课堂授课质量。因此，在高等学校，相关的政策体现在教学和科研的协同发展上。"教学相长"有助于增强科研活力，促进课题的研究。课堂上学生有时提出启发性的新见解和新问题，也启发教师得到新的科研出发点或者帮助教师解决科研工作上的难题。从这个意义上来说，教学也是科研发展的动力，为了教好学生，教师要不断地进行教学研究，掌握本学科发展的最新动向和趋势。还要通过科研不断了解本学科发展的最新动态，不断更新自己的知识结构，用科研成果来充实教学内容，这样更有助于教学质量的提高。

三、科研与教学在数学课中的实践

在高校的教学和科研工作中，数学教学虽然非常注重教学和科研的关系，但是基础课与科研工作的结合还是比较难的。但是，教师深入研究下来就会发现，数学与应用科学领域有许多值得探讨的问题。例如在数学领域，非线性方程和线性方程是不可逾越的领域，但在控制领域，非线性方程必须线性化才可能实现控制。为了更好地提高教学水平，提高自身的科研能力，年轻教师去外校交流访问，相互学习先进的教学经验。有条件的教师争取考研、读博，深入研究本学科的前沿问题和拓宽自己的研究领域，积极申报省级和国家级的自然科学基金项目。在完成这些科研项目的过程中，对课题研究领域有了较深入的理解，提高了思维能力、创造能力和分析问题、解决问题的能力，提高了教学中科研思维的严密性和逻辑性；同时，对教学语言的表述也更准确、更富感染力，更易于激发学生学习的积极性、主动性和探索新知识的兴趣，有利于教学质量的提高。年轻教师通过教学质量的提高和科研工作可以深深地感到，数学学科领域的科研工作如果和自然科学领域学科结合起来，数学应用的强项会对自然学科的发展发挥至关重要的作用。

在教学中，不是枯燥地强调学生学习本门课程的重要性，而是让学生从心中产生对数学学习的兴趣，教师要从科研的角度介绍课程的起源、作用、发展和现阶段国内外热点以及前沿问题。在教学过程中，要对学生进行潜移默化的综合科研能力和创新能力的培养。教师在讲授到微分方程解的存在唯一性理论和定性初步理论时，要结合自己的科研工作提出问题。在学生回答问题时，将学生分成几个小组，将问题按小组分配。在学生思考后，再指导学生利用中国知网来了解国内核心期刊发表的论文，下载后让学生学习这些参考文献。引导学生研读这些文章并思考和回答一些问题，提高研究相关学科的能力，探讨论文中的研究目标、研究意义、研究问题的背景、国内国际上对该问题的研究进展以及作者解决问题采用的方法、理论原理和实验手段等等。最后，让学生制作PPT，分组上台说明解决问题的方法，接受老师和同学的提问。在后面的教学中，还要教会学生用MATLAB等画图软件数值模拟教材中的理论结果。通过这样的活动，学生慢慢学会发表自己的见解。学生提出的很多看似幼稚的问题，往往需要教师认真思考，有些学生的问题和思想对教师以后的科研有很大的启发作用。学生在这样的教学方法下掌握了数学方面的基本理论，通过这些能力的提高，有些学生在考研的复试中用到了科研工作的成果，在复试中取得了好的面试成绩。

大学数学教师在进行教学时，需要努力提高自身科研水平，积极引导学生投身数学研究，在使学生提高数学自学能力的同时，逐步有能力提出独到的见解和新颖的思想。因此，大学数学教师将科研与教学相结合是提升教师职业水平和学生数学素质的推动器。

第三节　新形势下大学数学教师应具备的素养

大学数学教师的素养对大学数学教育水平的提升具有至关重要的作用。新形势下大学数学教育教学工作面临新的变革，同时对大学数学教师所应具备的素养也提出新的要求。

进入 21 世纪，面对思想的大解放、科技的大发展、互联网的大普及、社会的大变革所产生的日新月异的变化，高校的各类教育教学等一系列改革正在如火如荼地进行，新的变化与变革也给大学数学教师提出了新的要求。作为高校基础专业课之一的数学课程，相对于其他基础专业课来说，其影响面越来越广，重要性越来越大，要求大学数学教师所具备的职业素养也越来越高。大学数学教师只有具备适应新的教育模式的素养，才能更好地担当起在大学基础课教育中的重要角色。

一、开放的思想素养

作为一名新形势下的大学数学教师，应该主动地而不是被动地、积极地而不是消极地、开放地而不是闭塞地面对这种变革，除了需要具备教师的一般素质外，还需要具备更加全面和完整的素质，还要能适应全民教育、终身教育、国际化教育和可持续发展教育提出的新要求，这就要求大学数学教师要具备开放的思想。思想是行动的先导，只有开放的思想才能使教师放眼长远，统筹兼顾，更好地成长进步，从而使教育事业更好地发展。因此，大学数学教师应该不断更新观念，不应只局限于本专业、本学科，而应做到兼容并蓄、与时俱进，充分把握 21 世纪大学数学教育的新形势、新变化、新特点，使自己的思想认识跟上时代步伐，努力使思想观念和教学实践水平得到不断提升。与此同时，开放的思想还要求大学数学教师要以积极的态度和无比的勇气去学习和面对人生中的新事物，以非凡的胆识和必胜的信心去迎接人生中的磨难与挑战。

二、优秀的道德素养

苏霍姆林斯基说："要记住，你不仅是教课的教师，也是学生的教育者，生活的导师和道德的引路人。"叶圣陶认为："教育工作者的全部工作就是为人师表。"学高为师，德高为范，良好的师德是立身之本，是教师应具备的基本素养。师德是教师认真对待工作的前提，是教书育人的基础。师德的表现是多方面的，教师对工作的态度，对学生的态度，对社会的看法，甚至自身举止等等，其一言一行都会对学生产生影响。只有教师认真地教，学生才会认真地学。教育的至高境界，不是纯然去传授一种知识，而是通过知识，给学生熏染一种人生情怀，一种面对世界的人生气度。教师本身被赋予了更多的责任，教师应该比其他职业的人在道德上负有更多的责任，这充分说明了教师应成为社会道德的楷模和表率。由此可见，教师优秀的道德素养对学生的品德学业具有巨大的促进作用。作为一名大学数学教师，首先是品德的修养和情操的高尚，要有与教师这一职业相适应的道德观念、情操和品质，自觉遵守教师的道德规范和行为准则，通过真正意义上的言传身教促进数学教育教学工作更好地开展。

三、过硬的业务素养

教师的专业理论素质直接决定着教育对象素质的高低。过硬的数学专业知识是从事大学数学教学工作的根本保障。大学数学教师首先必须精通数学专业知识，切实掌握其基本原理和理论体系，对基本定理、公式和概念运用自如，能正确把握重点、难点，综合运用学科知识解决问题。新时代要求大学数学教师必须成为一名创新型教师，不仅要深入掌握所教学科的基础知识，还要了解学科的框架结构、发展脉络，熟悉学科的历史、现状和社会作用。同时教师还要特别注意本学科的发展动向，不断汲取本学科的新知识、新成果，充实自己的知识储备，更新自己的知识结构，使自己所教的学科常教常新，保持旺盛的生机。要有过硬的业务素质就必须要多学习，大学数学教师要努力让自己成为一名读书的爱好者，让读书成为一种责任、一种情怀、一种追求。

四、健全的心理素养

教师心理素质是教师履行职责，完成教育教学任务所必备的素质之一，是在教师头脑中客观现实的反映。它由教师的认知性品质（智力因素）和个性品质（非智力因素）构成，是教师在教育和教学工作中表现出来的，是直接影响着学生的身心发展以及教育教学效果的比较稳定的各种心理特性。大学数学教师专业知识结构和数学学科特点，决定了数学教师的个性心理特征有不同于其他学科教师的普遍特点。大学数学教师具有责任心强、条理性强、注重理性、自我效能感较高等有效特征，同时又具有固执、自负、较强的自尊、不合群、情绪管理弱等无效特征。大学数学教师这些独特的心理特征，使大学数学教师的心理与教师的智能、道德、文化等素质相互渗透融为一体，既体现和影响着数学教师人格的健全发展，同时也以其广泛的内容影响着学生的身心健康。因此，大学数学老师应该发挥有效特征，避免无效特征。只有具备健全的心理素养，才有可能按照教育方针的要求，努力把学生培养成身心健康的智能型人才。

五、良好的人文素养

现代大学数学教育中，在注重培养学生掌握数学专业技能的同时，更要注重对其数学人文精神的提升，这样才能使得所培养的学生不仅是专业方面的科学人才，也是更广泛意义上的文化人才。教师良好的人文素养是推进大学生数学人文教育的基础。大学数学教师在教学过程中的人文关怀和人文教育能够使学生对数学产生正确的动机和良好的情感，让学生感到教学内容不再枯燥、教学手段不再呆板、教学面孔不再冰冷、学习数学的热情不会减弱，从而有助于优化学生的非智力品质，提升良好的心理素质。

因此，提高大学数学教师的文化素养是高校加强素质教育的应有之义和基本保证。大学数学教师必须转变人文素质教育是社科教师的职责的观念，要通过广泛的学习和培训加强自身的人文素养，在教好专业课的同时，把人文素质教育内容渗透到教学的各个环节，只有让学生受到数学文化的熏陶，学生的思维能力及数学素质才能得到发展，才能为终生学习打下良好的基础。

第四节　对新形势下大学数学教师时代性作用的思考

由于高校扩招及其他社会因素的影响，当下大学生就业难已经上升为一个社会性焦点问题。为此大学数学教师要创新教学理念，提高自身综合素养，发挥其被赋予的新时代性作用，即通过传授学生数学思想方法、创设成功体验等培养学生独创性，增强学生的自信心，从而有助于大学生学会生存，懂得生活，构建和谐个体。

近年来，随着高校的不断扩招，传统的"精英"教育逐渐转变为如今的"大众"教育，此举虽有利于提高全民教育素质，但由此而引发的连锁效应也越来越凸显。一方面，高校准入门槛的放低使得接受高等教育的个体间水平层次的差异性增大，加之高校教育资源的有限性，已经在一定程度上影响着高等教育的质量和大学文凭的"含金量"；另一方面，高校招生人数的激增也对高校毕业生的就业产生猛烈冲击，仅 2011 年全国高校毕业生人数就高达 660 多万，而之前毕业后待业的人亦不在少数，从而使得待业队伍呈现出滚雪球趋势，就业形势不容乐观。再则，随着高校毕业生人数的增加，可供企事业用人单位进行选择的余地增大，又鉴于应届高校毕业生培训成本及学校"断奶"成本之高，远没有用一个有社会经历的"成手"来得方便，所以企业更乐于从有社会经历的人员中进行选拔，从而使得应届大学毕业生的就业形势更加严峻。

面对这样一个社会性热点、难点问题，高等教育工作者又怎能坐视不理，推脱其责呢？故而当今高校教师在履行传统的"传道、授业、解惑"职责的同时，又被赋予了新的时代性作用，即如何让大学生在今天这个竞争几近白热化、机遇稍纵即逝、社会环境瞬息万变的知识经济时代安身立命，争取到一个属于自己的发展空间。数学素有"母专业"之称，大学数学教师在大学教育中因其影响面之广、接触学生多，故而充当了非常重要的角色。因此，作为大学数学教师，我们必须身体力行，改变原有教育理念，重新审视自己在当今高等教育中所应起到的、被赋予时代性要求的作用。

一、提高自身综合素养，顺应时代要求

在 21 世纪这个知识经济时代，我国高等教育已由传统教育步入素质教育，作为教

育主导力量的大学数学教师，要跟上时代前进的步伐，把握好高等教育新理念和社会对高等教育时代性的要求，就必须从以下几方面提高自身的综合素养，做一名符合时代要求的合格的大学数学教育者。

（一）提高数学修养。掌握扎实精深的数学理论基础，系统渊博的专业知识结构，同时要注重掌握丰富的数学史知识，以便赋予数学更丰富的内涵。

（二）拓宽相关领域知识面。在过去很长一段时期，高校教师存在一专和多能之间的矛盾，作为基础课教育的数学教师要想践行"人人学有价值的数学，人人都能获得必需的数学，不同的人在数学上得到不同的发展"这条数学教学的新理念，就必须以数学为工具开阔眼界，拥有广博的相关领域知识，向一专多能、多领域教师发展。

（三）创新教育观，提高教学管理艺术。教师不仅要注重数学知识的传授，而且要渗透数学思想方法，致力于学生运用数学知识解决实际问题能力的培养。

（四）强化师德，健全人格；学高为师，德高为范。面对弥漫在当今社会中的一股贪图物质享受、精神空虚的不良风气，高校教师更应该以身示范，用自己高尚的人格魅力在潜移默化中让学生树立正确的人生观、价值观和世界观。

二、授之以数学思想方法，培养学生的独创性

数学是思维的体操，它不仅是一种重要的工具，而且是一种独特的思维模式。数学思想是数学的灵魂，是数学方法的理论基础。

顾立德在《杂志论文》中写道："该教的是思考的方法，并非思考的结果。"再从数学知识内容的量来看，即使一个人终其一生来学习，也不可能都掌握。美国卡内基教学促进会就曾指出："任何大学都不可能向学生传授所有的知识，大学教育的基本目标是要给学生提供终身学习的能力。"因此在数学课堂教学中，教师要有意识、有计划地向学生渗透数学思想方法，培养学生良好的数学素质。教师需要变"传授"为"探究"，为学生营造一个踊跃发现、自主探索、积极思考、合作交流的学习氛围。教师通过有效的引导与适时的点拨，让学生学会思考、学会总结、学会感悟；通过穿插讲述数学发展史使学生知道源于生活的数学知识的发生、发展与应用过程；通过引导学生进行反思和引申并鼓励学生积极求异，使学生的创新思维得到充分训练。这样既熏陶了学生数学思想方法又培养了学生实际应用能力，进而提高了他们的独立学习能力和创新思维能力，使其终身受益。

三、创设成功体验，增强自信心

高校扩招使得大学生人数空前增多，生源知识水平层次也呈现出复杂的多样性，但希望被别人尊重的需求是每个人与生俱来的，正如美国著名心理学家威廉·詹姆斯

所言："人类本质上最殷切的需求是渴望被肯定。"林格伦更是指出："如果学校不能在课堂中给予学生更多成功的体验，他们就会以既在学校内、也在学校外都完全拒绝学习而告终。"因此，教师要全面了解并充分尊重学生所存在的个体差异，构建一种民主、平等、和谐、轻松愉快的教学课堂氛围，尽量为每个学生都创设成功的体验，使不同层次的学生的需求都得到满足。为此，一方面，教师可以穿插讲述数学发展史中著名数学家废寝忘食，执着追求，最终取得巨大成就的事迹，充分调动学生学习数学的积极性，使其内心产生对成功的渴望；另一方面在数学教学的引入以及练习和情境的设计上都要尽量考虑到给不同层次的学生留下自我表现的空间，尽可能多地为他们创造条件，并对他们的表现给予肯定，使其从自己的努力中体验到成功的独特喜悦与激动，从而增强学习的兴趣和信心，更重要的是由此增强自信心，激发上进心，对其以后的人生道路形成一种意义深远的良性循环。

总之，当下大学生就业已经上升为一个社会性问题，高校教师要紧跟时代发展步伐，不断提升自身的综合素养，发挥其被赋予时代要求的新作用，更好地为社会培养出具有优秀道德品质，具备终身学习能力、创新能力和良好适应能力，身心健康、自信，对理想执着追求的优秀人才，促进社会更加稳定和谐。

第五节 高校青年数学教师教学能力形成机制的研究

本节拟从剖析数学教学能力的心理特征和结构出发，通过对数学教学能力发展中知识因素作用的调查分析，探索影响高校青年数学教师教学能力形成的心理和教育机制。

随着高校招生规模的不断扩大，高校教师队伍也迅猛壮大，一批批富有生气的青年数学教师逐步补充到大学数学教育队伍中来，越来越成为大学数学教育中一支不可忽视的力量。然而，从目前高等教育的现状来看，却不能不令人感到十分忧虑，一方面，高等教育的规模还在继续发展，大学数学教师队伍还在继续扩大，水平也亟待提高。由于数学教育本身的特点，进入师范院校学习的大学生数量上升而质量有些下降，直接影响了今后大学数学教师的来源和素质。另一方面，现在高校的学生人数与教师人数增长的比例严重失调，造成了高校教师的教学任务非常繁重，青年教师没有经过培训，而是直接登上讲台，再加上教学任务重，新、老教师很少交流，从而造成青年数学教师数学教学能力下降。研究高校青年数学教师数学教学能力的形成机制，将有助于这一问题的解决。

一、数学教学能力的概念和基本结构

什么是教学能力？迄今为止国内外教育心理学界尚未做出明确的科学界定。一些研究者认为："教学能力是完成教学任务的本领。"按照这种说法，数学教学能力就是完成数学教学任务的本领。不难看出，把属于心理品质范畴的数学教学能力定义为某种"本领"，显然不能令人满意。为此，必须做深入的分析，以期对数学教学能力有一个更科学的认识。

巴甫洛夫曾指出，研究复杂的现象和复杂的心理产物，任何真正的科学方法都是分析它的结构，并分离出它的成分。因此，对数学教学能力实质的认知，将其归结为对这一复杂心理构成物进行结构剖析，查明其结构中那些基本的心理特征。下面能采用的研究途径的依据是："能力只存在于一个人的特定活动之中，所以只有在分析特定活动的基础上才能揭示能力。"

既然数学教学活动是由备课、上课、批改作业、成绩考核、课外活动等环节组成的活动序列，那么教师在成功地完成诸活动过程中究竟需要哪些相应的特殊能力呢？以江西省部分大学数学骨干教师为研究对象，从中获得了一些资料，现列举如下：①备课活动中需要的能力有自学能力、分析处理教材能力、选用教法能力、编写教案能力和体察学情能力等；②课堂教学中需要的能力有语言表达能力、课堂组织管理能力、板书能力、创造情境能力和随机应变能力等；③作业批改和成绩考核中需要教师主要具备编制试卷能力，诊断掌握程度和感知学习态度能力；④辅导和课外活动需要的能力包括领导组织能力、编辑数学资料能力等；⑤社交能力、创造能力和教学研究能力等等。

研究表明，在上述众多的特殊能力当中，自学能力、分析处理教材能力、选用教法能力、编写教案能力、语言表达能力、课堂组织管理能力、板书能力、编制试卷能力和教学研究能力，是完成数学教学活动的核心因素。

二、数学教学能力发展中知识因素作用的调查分析

（一）大学数学教师的教学能力与其学业水平之间的相关检验。2016年3月，调查者编制了《江西省高校教龄10年以上数学教师数学教学能力调查表》，将200份调查表发往江西省十几所高校，最后收回43份。在43位被调查的数学教师当中，运用模糊综合评价方法，将教学能力分成五个等级对每位教师进行评判。43位数学教师当中，教学能力很强1人、较强15人、一般24人、较弱3人、很弱没有。接着，以43位数学教师的学历为依据，并据此作为知识水平分别归属于五个等级组：博士2人，教学能力都属较强；硕士7人（较强3人、一般4人）；一本学士26人（较强7人、

一般 18 人、较弱 1 人）；二本学士 5 人（很强 1 人、较强 2 人、较弱 2 人）；二本以下 3 人（较强 1 人、一般 2 人）。从中不难看出，在 15 名教学能力较强者中，有 12 名的知识水平在中等或中上（占 80%），但只有 2 名的知识水平是很强（占 13%），在 3 名教学能力较弱者中就有 2 名是知识水平较低的。

（二）高校青年数学教师数学教学能力现状透视。如上所述，数学教学能力总是存在于一定的数学教学活动中，青年数学教师的数学教学能力主要通过数学教学过程加以体现。因此，为了了解青年数学教师的数学教学能力，2016 年 4 月对南昌大学、江西师大、宜春学院、新余高专、萍乡高专等 6 所高校的青年数学教师进行了调查。调查发现青年数学教师在课堂组织管理、分析处理教材和语言表达能力方面存在着较大问题：①在课堂组织管理能力上不足，主要表现在对大学生的个性、学习心理不熟悉，对偶发事件不能正确对待；组织管理上单一化、形式化，不能灵活地针对教材与学生的特点，调动学生的积极思维。②分析处理教材能力不足，表现在对教学内容各单元、章节间的内在联系缺乏了解，不能从整体上把握教材；对教材中的定义、定理、公式法规和性质等进行解释感到棘手；不能切实把握教学内容的重点、难点和关键等。③语言表达方面，除了语音不够准、音量不够高、吐字速度过快外，主要存在的问题是：在使用数学术语或关键性的字（词）时，出现一些科学的错误；语言表达缺乏条理，讲解、分析缺乏层次，使得知识结构与认识要求无法有机结合。不言而喻，高校青年数学教师在上述能力上的不足，相当程度上是由于他们在大学数学基础理论与教法、大学生心理学、教育心理学、语言学和管理学等方面的知识缺陷或基础不扎实而导致的。调查结果说明，切实加强与高等数学教学密切相关的知识的学习，着力发展课堂组织管理能力、分析处理教材能力和语言表达能力，是高校青年数学教师亟待解决的问题。

为了深入分析影响青年数学教师数学教学能力形成的知识缺漏情况。调查中对 18 位青年数学教师在教案和课堂教学中出现的错误进行分类统计。在此基础上，又对各种类型出错的具体方面做了一些了解，发现：①在使用数学语言时，不能处理好严谨性与量力性的矛盾，对定义、定理和性质中出现的关键性的字（词）也无法正确区分；②进行概念教学时，对揭示概念的内涵感到困难，对外延的列举也具有很大的局限性，不能把严密、抽象的数学概念简单地与一些生活中概念进行类比；③在进行命题教学时，容易"重结论、轻条件、略过程"；④数学方法方面，对用"直观"方法的目的缺乏认识；无法揭示例题与定理间的辩证关系，循环论证的现象也时有发生。

三、高校青年数学教师数学教学能力的形成机制

上述调查结果和分析证明了这样两个事实：第一，知识因素在数学教学能力形成过程中具有普遍意义。掌握与高等数学教学紧密相关的知识是完全必要的，知识有缺

陷或某些相关知识不够精深都会阻碍数学教学能力的形成。第二，知识水平与数学教学能力之间存在着较高的正相关。但知识不是影响教学能力形成的唯一因素，教师的学习积极性、工作兴趣和责任感等非认知因素也会对数学教学能力的形成产生直接影响。另外，对 39 位在职教师做调查的结果是：认为要成为出色的大学数学教师首先必须具备良好职业道德的有 28 人，约占 71%。这也说明了非认知因素在数学教学能力形成中的作用。

可以说，合理的知识结构和与职业要求相适应的非认知因素是形成数学教学能力的必要条件。研究发现，教师教学上的技巧、技能也是制约教学能力水平的不可缺少的因素。教师的技巧是教学活动中的那些自动化成分，如外表行为的技巧、引导学生思维的技巧、分配教学时间的技巧和教学机制等。同样，教师的技能越完善，就越能自由地支配教学活动中的各种动作。一个缺乏技能的教师，是难以在新的和复杂的教学情境中，顺利地进行教学操作的。

因此，"为了形成教育技艺，必须掌握知识、技巧和技能的整体，培养专业上重要的个性品质"。这是对上述研究的高度概括。但是，必须明确的是：如果认为教师只要具备一定的知识水平，较高的教学技能、技巧和良好的教师职业品质，就能形成相当水平的教学能力，那是片面的。事实上，一个人具备这些条件，只能说已经具有形成数学教学能力的可能性，要把可能性转化为现实性是需要一定的教学实践的。

在研究过程中，还发现下列两个基本事实：①数学教学能力的形成具有层次性，一般可分为适应阶段、初级阶段、中级阶段和高级阶段四个发展层次，各层次所具备的认知与非认知条件，以及实践经验是不同的，在各个发展层次上，数学教学能力的结构形式也是不同的。在这一层次上，某些组成要素起主要作用；在另一层次上，可能是其他组成要素成为整个结构的核心。②在数学教学能力形成过程中，各组成要素并不是孤立的，而是相互作用、相互促进的。比如选用教法能力不可能独立形成的，往往是在具备了一定的分析处理教材能力的基础上才能形成。所以课堂组织管理能力的形成，就不可能不受语言表达能力的影响。

综上所述，所有这些分析讨论已在一定程度上揭示了数学教学能力形成的发展规律和心理机制，这对于高校如何端正青年数学教师教学能力的培养方向，以及进一步研究高校青年数学教师数学教学能力形成的教育机制将大有裨益。数学教学能力的形成机制是一个尚未开发的重要理论问题，在研究过程中，颇感问题的复杂性和研究的艰巨性。因此，本节只是根据近几个月的调查分析和平时所掌握的部分资料，力求对这一问题做一框架式的初步研究，以期能在深度和广度上对数学教学能力的形成机制做进一步的探讨。

第六节 大学数学教学理念更新与教师角色转换

教师是实施高等教育的主体，其自身的素质、能力和教学角色的转换对教学效果有直接的影响。当前社会亟需大量的复合型人才，所以，高校教师应实现角色的转换，以满足新课程改革对大学数学教育的要求。

在新的社会需求下，各高校的数学教师要更新教学理念，转变角色，不断地为社会培养复合型的人才。

一、高等数学教育的内容

高等数学教育分为两个部分，一是实施课程，二是预期课程。预期课程的内容主要是教授专家制定的，对此，教师在教学中是无法改变的，它是高等教育的标尺。实施课程的内容是教师通过理解预期课程的内容，结合自身的经验总结出来的。因此，为了更好地更新大学数学教学理念，教师需要迎合社会的发展需求，并体现创新精神。首先，对预期课程的设计要符合数学教学的要求，体现的知识要全面，并且具有针对性。其次，教师是教学的主体，要充分理解预期课程的内容，并按照要求在课堂教学中实施。另外，教师的自身素质将影响预期课程的教学效果。不难看出，高校能否成功更新教学理念，最关键的就是要看高校教师能否将预期课程的内容很好地落实到实施课程中。

二、教师的角色定位

（一）引导者角色

高等数学知识具有灵活性和创新性的特点，这就要求数学教师不能再扮演"权威者"的角色，而应当适时地转换为引导者，引导学生进行自主和创新学习。教师要为学生提供恰当的学习素材，适时地提出问题，引导学生自主学习，如提供图画或视频等，组织学生以小组的方式进行讨论合作，师生共同评价学习成果，并得出相应结论。

这种新的教学角色改变了以往学生被动接受知识的局面，能有效地提高学生学习数学的积极性；同时，也使学生拓展了独立自主的思考空间，提升其综合素质。

（二）合作者角色

师生之间要相互学习，通过彼此的交流，最终将问题解决。教师不但要不断地肯定学生的观点，培养他们的创新精神，还要扮演好合作者的角色，以提升学生自主学习的信心。

（三）创新者角色

教师在教学中要善于发现问题，组织学生开展创新研讨会，培养他们的创新意识，并激发其产生创新的兴趣；还可以举办一些创新型的比赛活动，让学生在比赛中实践体验创新的魅力。教师适时地转为创新者，不仅可以培养学生的创新思维，同时也能为创新型社会提供人才。

三、对教师新角色的要求

（一）要有创新精神

在新的教学理念下，高校的课程结构改革，旨在提升学生在数学方面的综合能力，培养他们的创新能力以及应用信息技术的能力。这一目标对数学教师提出了全新的要求，打破固有的观念，以符合时代的需求，培养创新精神，不断提升发现问题并进而解决问题的能力，要结合自身经验，提高学生的创新思维及敏锐的观察能力。

（二）要与时俱进

新教学理念的核心是"以人为本"，以此为基础的教育方式也从传统的"封闭式"向"开放式"转变，发掘学生的个人潜能，提升其求知欲望。教师要与时俱进，改变教学方式，不断强化"以人为本"的教学理念，引导学生学会自主学习，重视他们的创新思维的培养，提升课堂教学效果。

（三）要更新知识结构

在新课标下，高校的数学教学虽仍讲授原有的内容，但也补充了一些适应社会发展的新内容。所以，教师要及时储备新的数学知识。在经过自学、经验交流及进修学习之后，能进一步巩固和增长自身的数学理论知识。在实际教学中，将数学的理论知识与实践相结合，不断构建新的数学知识体系，从而适应新教学理念指导下的教学。

（四）要终生学习

教师要树立终生学习及可持续发展的理念。只有这样，才能构建完整的知识体系，才能不断创新数学思维，为社会发展培养更多的数学人才。

（五）要提高综合素质

新课标重视学生对基础知识的掌握，淡化了专业特点，所以教师在教学中要做到因材施教。在课程设置上，教师可在共同课程内容的基础上，设计不同的系列，以便学生根据自身情况进行选择。课程体系要根据学生的兴趣和特长以及社会对人才的具体需求提出新的设置要求，要提供不同侧重点的学习内容和实践活动。

这种课程体系对教师提出了新的要求，教师要掌握数学知识的完整性，并有胜任不同课程的教学能力，包括基础课和专业课。教师不再是单纯的解惑者，还应是数学问题的诊断者，学生学习的启发者，这就要求教师要充分了解每位学生的个性和职业需要，并指导他们根据自身能力和喜好选择相应的课程。

四、提高教师的施教能力

（一）把握新课标

"少而精"是新课标中数学教学的原则，教师要在保证学生掌握基础知识的前提下，培养其基本能力，训练他们基本技能的应用。与此同时，教师要增加部分基础的、已广泛使用的新知识。要掌握新教材的教学体系，了解其中的新内容，熟记重要的知识点。在教学中，要控制好教学难度，重视数学的应用性特点，加强教学内容的实践性。

（二）多媒体教学

数学的特点是逻辑性和推理性，所以仍要适当地运用"粉笔＋黑板"的模式。在教学中，关于数学的定义和定理及例题，可以使用多媒体，而在算式证明和解题时，就要采用"粉笔＋黑板"的模式。

（三）多层次教学

教师要根据每位学生的能力和兴趣，采用多层次的教学方式，提高其学习兴趣，让他们学有所获。

（四）双语教学

数学教师的双语教学，除了让学生掌握数学知识外，还可以为其创设外语环境，提升他们的外语应用能力。双语教学也会提升数学教师的外语能力，为外语教师减轻教学压力。当今社会的快速发展，要求大学数学教师拥有双语教学的能力。

（五）开设讲座

大学数学教师开设数学讲座，形式可以多种多样，如讨论数学的新趋势等，让学生把数学知识与其他学科知识联系起来，进一步巩固对数学知识的掌握。在教师的指导下，学生自己收集资料，并进行讨论和报告，提高自己的数学素质。

第七节　地方高校转型发展契机下的数学教师专业发展

根据高校转型发展的工作要求，为更好地适应教学的需要，大学数学教师专业发展也面临着重新调整的机遇。本节在分析高校转型发展给数学教师带来的新要求、新机遇的基础上，提出了教师专业发展的重新规划、重视实践知识的积累和树立服务教学、服务学生的理念的数学教师专业发展规划。

一、关于地方高校的转型发展

据教育部 2012 年年鉴统计，我国共有本科院校 1145 所，除部委属的 109 所，其余 1036 所均为地方本科高校（含民办本科院校 390 所）。在这些本科院校中，一类是老牌本科院校，包括国家重点建设的"985 工程""211 工程"高校及地方重点建设的高校，这部分高校，办学基础较好，学术地位优势明显；另一类是地方新建本科院校，这部分高校，无论是办学基础，还是学术地位，都较薄弱，却担负着培养我国现代化建设者的重要使命，是未来应用型人才的重要输送来源。

虽然经过多年的发展，高等教育毛入学率达到 30%，我国高等教育也已从精英教育阶段步入大众化教育阶段，但高校毕业生就业情况却未达到应有的高度。据统计，在 2013 年 699 万的高校毕业生中，初次就业率仅为 71.9%，这近 30% 的高校毕业生无法实现初次就业，不仅造成了巨大的人才浪费和经济损失，也给社会增添了不稳定因素。

造成学生就业难的根本原因，并不是高校培养的大学生多了，而是高等教育结构的不合理，不管是老牌本科院校，还是新建本科院校，基本实行的都是单一的学术型、学者型的办学模式，培养着学术、学者型人才，而这与我国现代化建设中大量需要的懂实务、具有实干精神和能力的生产、建设、管理和服务的一线人才相矛盾。因此，各高校特别是新建本科院校，要紧密结合社会需求，明确自身在整个高等教育体系中的位置，把握自身的角色和使命，在专业设置、人才培养模式和师资选择等方面，都应将注重实践性和应用性贯穿始终，从而确定学校的服务方向、发展目标及人才培养任务，走自身特色发展之路，进而培养出更多高层次、高素质的应用型人才。

二、高校转型发展对数学教师的新要求

对于非数学专业的大学生来说，接受数学教育的主要目的就是进行思维能力稳定性的巩固和创新精神的再建，学生在学习数学的过程中，不是对数学知识的简单记忆，

而是要将所学的知识体系进行整合,运用数学的逻辑思维方法和技巧,来解决专业学习、生活中所遇到的困惑。传统上,数学教师更多的是扮演着数学知识的传授者,帮助学生熟悉数学知识体系,掌握数学学习方法。高校实行转型发展,一是要求学生具有更强的动手能力,能将数学学习方法和专业学习、实践操作相结合,从而提高课堂学习效率;二是教会学生如何独立思考并发现不同事物之间的逻辑关系,且以理性的视角进行剖析和解读,以此改变学生思维和人生轨迹;三是教会学生怎样将好的学习习惯和技巧融入到其他学习和日常生活中去,从而改变学生的不良习惯,适应今后的生活和工作。

加快高技术、高技能人才培养成为我国高等教育适应社会发展的当务之急,一流的技工造就一流的产品,技术创新日益成为经济社会发展的重要驱动力。而目前,甚至未来5~10年,我国都会出现"技工荒",特别是高技术、高技能人才短缺的矛盾将更加突出,这对我国的高科技企业会产生沉重的打击。高技术、高技能人才的大量需求以及如何更有效地培养学生的动手能力,这都决定了数学传统的"填鸭式"教学方式的变革,从而对数学教师提出了新的要求。

三、高校转型时期数学教师专业发展面临的机遇

高校转型发展,虽然对数学教师的职责、能力提出了新的要求,但也为数学教师的专业发展提供了更大的机遇。教师职责是指教师依据自身的职位要求完成相关的工作内容以及承担相应的工作责任,是职务与责任的统一。高校转型发展,数学教师不仅要从事课堂教学,还要将数学知识运用到相关专业知识中去,工作的触角也由课堂延伸到课外,这些都为数学教师开辟第二课堂、培养学生的工程实践和创新能力,提供了必要的基础条件。由于转型发展,学生会得到更多的实践操作机会,会更多地进入工厂、车间进行顶岗实习,这些都为更好地执行双导师制提供了有利条件,同时也为数学教师的专业发展提供了更大的机遇。

高校转型为数学教师进一步加强责任心及强化认识提出了更高的要求,为开展探究式教学,培养学生进行研究及批判式学习也提出了更为具体的要求,这些要求对培养数学教师的主动意识和创新能力具有极大的促进作用。在教学中,要对学生的创新意识及创新能力进行引导,让学生主动融入教师的教学研究中,这些为教师提高实践教学能力及为学生提高工程实践能力达到了有机融合,从而更好地培养具有工程实践创新能力的人才。

四、高校转型期数学教师的专业发展对策

数学教师的专业发展是教师在学校转型过程中对自己职业的重新定位，是对专业发展的再次把握。为此，大学数学教师应做好专业发展规划、实践知识的积累和树立服务教学、服务学生的理念。

（一）教师专业发展的重新规划

数学教师在制定专业发展规划时，应结合学校转型发展的工作要求和个人实际情况，强调一专多能的基本策略。一专多能是指教师既具有开展各项教育工作的专业知识，又具有适应终身教育工作的多方面能力，如技术能力、指导能力、服务能力和协调能力等。在教师专业发展规划中，数学教师要重视相关知识的更新，加强知识的有效组合，更新知识时不求全面但求有用，要将数学知识和专业知识相结合来进行讲授，从而提高知识对能力转化的有效性。

（二）重视实践知识的积累

教师能力的获得不仅来自书本，更多的还来自实践及实践中的经验。根据学校转型发展的工作要求，数学教师讲授的不仅要有书本知识，还应有数学与专业知识的融合；授课地点也将从教室延伸到工厂、车间。数学教师在实践过程中，可以依据学校转型的实际而选择相应的方法，如到企业挂职等。这样，可以实现教学工作和企业实践经验的相互渗透，形成互补，从而促进教师全面积累实践经验。

（三）树立服务教学、服务学生的理念

应用型人才的主要任务是将科学理论转化为可供生产、服务和管理一线操作应用的技术或方案，它应具有扎实的理论基础、较强的实际应用能力和创新创业精神。由于学生还不是一个成熟的个体，其知识、能力和素质的获得，是在教师的多方引领下、学生在学习和实践活动的基础上逐渐形成发展起来的。因此，数学教师应把教育服务作为自身的职务要求，以高度的责任感做好教育教学工作，积极引导学生用数学思维来解决非数学知识上的问题；引导学生树立自信，健全的人格；引导学生培养应用型人才应具备的各种能力要素。为做到这些，就要求数学教师改变以往的教学模式，带着任务，带着问题，主动到企事业单位工作锻炼，了解企事业单位的运行规律，培养自身的实践能力和应用能力，从而更好地指导学生、服务学生。

高校转型发展给数学教师带来挑战的同时，也带来了新的机遇，只要数学教师站在理论的高度，善于总结自身专业发展的规律，并引导学生进行创新性学习、实践，数学教师的专业发展就能紧跟高校转型发展的步伐，也将为高校转型发展的教育教学，

提供必要的智力支持。

第八节　大学数学教育专业学生的数学教师知识结构

本节分析了大学数学教育专业学生应具备的数学教师知识结构，并提出了优化学生的数学教师知识结构的途径。

目前，我国基础教育领域正在进行新一轮的数学课程改革。大学数学教育专业的学生承担着未来中小学数学教学的重任，但是我们发现有相当一部分学生存在着教师知识结构不均衡的现象，而知识结构的不完善，必将会制约学生自身素质的提高，影响以后的教学工作，本节立足于新课程，就大学数学教育专业学生的教师知识结构要求及其优化途径做一些探讨。

一、新课程对数学教育专业学生的教师知识及其结构的要求

对于数学教育专业学生的教师知识结构，不同的研究者有不同的研究方式、不同的理解，本节从教师知识结构的功能出发，认为本体性知识、条件性知识和实践性知识是构成未来教师知识结构的主要成分。

（一）大学数学教育专业学生必须具备精深的数学本体性知识

本体性知识是教师所具有的特定的学科知识。大学数学教育专业学生的数学专业知识应具有面比较广、基础性、条理性和系统性强的特点，新的高中数学课程标准强调课程的多样性与选择性，整个高中数学课程分为必修与选修两部分，其中必修部分由 5 个模块组成，选修部分由 4 个系列组成，这 4 个系列又由若干个模块或专题组成。这种模块式的课程结构从数学课程内容出发，为不同基础、不同需要的学生提供了多层次的选择。同时在内容上新教材增加了算法初步、框图、推理与证明、数学史选讲、信息安全与密码、球面上的几何、对称与群、欧拉公式与闭曲面分类、三等分角与数域扩充、矩阵与变换、数列与差分、优选法与试验设计初步、统筹法与图论初步、风险与决策、开关电路与布尔代数等。好多内容在大学的四年课程中都没有涉及，所以学生要适应以后新课程的教学，就必须加强对数学以上学科知识的学习。

（二）大学数学教育专业学生要具有宽厚的条件性知识

条件性知识指教师在数学教学中运用的教育学与心理学知识，具体包括三方面的内容：学生身心发展的知识，教与学的知识，学生成绩评价的知识。大学数学教育专业学生必须具有一定的教育理论修养，掌握教育教学的基本理论，重视吸收现代教育

观念、新的教学方法、教学策略及教学模式，并能应用于中学教育的实际。缺少这方面的理论指导，在数学教学和教育活动中就会陷入盲目性，直接影响效果。要能运用掌握的心理学和教育科学的基本原理研究中小学生数学学习的规律、中小学数学教学的规律，研究和改革教学方法。

（三）大学数学教育专业学生要具有丰富的实践性知识

实践性知识指教师在实施有目的的行为过程中所具有的课堂情景知识和解难题知识，这种知识是教师教学经验的结晶。新课标明确提出在数学教学中培养学生的创新能力，因此探索式教学就成了课堂教学的主要方式。探究式教学的引入使数学课堂的自由度、灵活性急剧增加，这一方面有助于调动课堂气氛，但另一方面也增加了教师的课堂管理难度。大学数学教育专业学生要适应中小学数学的教学，就必须具备丰富的实践性知识。要勇于实践，勤于实践，严于实践，在实践中不断反思，改进自己的教育教学的不足，从而积累丰富的实践性知识，提高教学水平，增强教学行为的有效性。

二、探索加速数学教育专业学生的教师知识结构优化的途径

（一）调整大学数学教育专业的课程设置

大学数学教育专业学生的培养对未来中小学数学教师的素质高低有着直接的影响，如果课程结构设置不合理，教师的知识结构就会"先天不足"。目前大学数学教育专业开设的课程针对高中选修系列的内容较少，数学教育类课程单一，为适应新课程的需要，可以考虑"实行小课程、小学分、多门类，精讲精练精学，实行必修选修结合，理论与实践结合"，开设《数学实验》《中学数学建模》《学校教育心理学》《课程与教学论》《现代教育技术》《教育研究方法》等选修课程，加强学生条件性知识的教学。

（二）加强实践教学，培养学生的动手实践能力

数学教育类课程教师应该广泛征求学生对相关教育的一些新的观念和提法，并且把满堂灌的教学方式改为讨论式，这样可以提高学生的学习效率。教师应该引导学生增强把观念转化为实践的能力，要实现由观念转化到实践，必须要经历由理论到实践，再由实践上升到理论的过程。教师可以组织学生集体进行模拟备课、说课、上课以及评课活动，这样学生可以有效地将观念转化为实践。通过集体备课，再加上教师的相关讲解，学生可以体会到正确的教育理念。学生通过说课可以展示他们的教育理念、教育理论水平及备课能力。这就要求学生要深入学习教育理论知识，认真学习中学数学课程标准，明确教学目标，潜心钻研教材，把握重点及难点，用简洁正确的语言叙

述教案设计的过程。上课作为教师的教育观念、教学专业特色、技能技巧、教学业务水平的综合体现，应该受到广大教育专业教师及学生的重视，教师可以在课堂上多播放一些有关数学知名教师的授课视频，并通过视频讲解如何上好一堂课；创造条件组织学生到相关学校去听课、讲课，真实地感受中小学课堂学习的氛围；教师也可以组织学生讲解中小学相关课程，为将来进入岗位做好准备。评课可更有效地帮助教师端正教育思想，掌握教学规律，提高自我分析与评价能力。有目的有计划地开展优质课评比活动，将有效地促进教师不断提高教学综合能力。因此，教师可以在学生说课及讲课后组织其他学生进行有针对性的讲解，最后进行总结。

（三）培养大学数学教育专业学生的教育科研能力

数学教学研究能力是一种综合性的能力，涉及许多方面，包括集体备课、公开教学及评议，选择研究课题，进行调查和搜集整理资料，对教学提出局部的改进或进行设计，应用数学教育理论加以研究，对教学实践进行总结评价，整理研究成果，阐述自己的见解，写出教学经验总结或教学研究的论文等许多方面。在教育类课程的教学过程中，教师要放手让学生参与科研课题研究，使其在科研活动中提高理论水平，使理论对实际工作有一定的指导。

第六章　新时代背景下数学文化与大学数学教学的融合

近年来，我国教育体制改革深入实施，各高校逐渐增加对高等数学教学的重视度。数学文化作为人类文明的重要构成，是高数教育和人文思想的整合。高校要想提升高数教学质量，应注重数学文化的渗透，并深度掌握数学文化的特征。本节通过分析文化观视角下高校高等数学的教育价值，以及数学文化特征，探索高校高等数学教育面临的困境，最终提出相关应对措施，以期为高校高等数学教育提供参考。

数学文化在数学教育的持续发展中逐渐形成，伴随着时代的变化，数学文化也在持续更新。文化观视角下，高等数学教育不但蕴含数学精神、数学方法等，还包含高数和社会领域的联系，以及与其他文化间的关系。简而言之，文化观即应用数学视角分析与解决问题。利用文化观视角处理高数问题，有利于学生深入理解与学习高数知识。同时，由于数学文化蕴含丰富的内涵以及趣味性的高数内容，有助于调动学生对高数的学习热情。因此，在高数教育中，教师应适当渗透数学文化观，引导学生应用文化观视角解析高数问题，使学生全面理解高数，并应用高数知识处理问题。

一、文化观视角下高校高等数学的教育价值

（一）调动学生对高数的学习热情

文化观视角下，高等数学教育适当增加文化内容教学。数学文化区别于传统直接的传授抽象、较难理解的高数知识，文化相对灵活，并且丰富性以及趣味性较强。高等院校中，高数作为多数专业的基础学科，其理论知识对于部分大学生而言，较为抽象难懂。要想使学生深入理解高数知识，需要高数教师在课堂中应用案例教学方式，通过列举实际例子辅助知识讲解。并且，单纯地讲授高数理论，学生对其兴趣较低。因此，渗透数学文化，有助于引导学生了解高数知识，调动学生的学习热情。

（二）促使学生充分认知数学美

文化观视角下，高校高等数学教育，有助于推动大学生充分认知数学美。文化具有丰富多彩以及艺术美感的特征。文化内涵需要学生与教师经过长期探索来感知其含义，数学文化沉淀了多年来相关学者对数学的探索与研究。其中蕴含的任何一个内容均有其存在的特殊价值与意义。并且，在了解文化内涵的过程中，可以深刻感知其趣味性及数学美。同时，高数并非是单纯的数字构成的理论知识，高数具备自身独特的艺术美感，并存在一定的规律。

二、数学文化特征

（一）数学文化具有统一性特征

数学文化作为传递人类思维的方式，具有特殊的语言。自然科学中，尤其是理论学中，多数科学理论均应用准确、精练的数学语言阐述。比如，James Clerk Maxwell 提出的电磁理论，以及 Albert Einstein 的相对论等。新时代下，数学语言是人类语言的高级形态，也是人们沟通与储存信息的主要方法，并且逐渐成为科学领域的通用符号。除此之外，高数知识自身逾越了地域及民族限制，数学文化作为人类智慧结晶，伴随着社会进步，数学文化的统一性特征在日后会凸显在各个领域。

（二）数学文化具有民族性特征

数学文化是人类文化中蕴含的重要内容，存在于各个民族文化中，也彰显出数学文化的民族性特征。同时，数学文化受传统文化、地区政治以及社会进步等因素的影响。民族所在地区、习俗、经济以及语言等内容的差异，产生的数学文化也不同。例如，古希腊数学与我国传统数学均具有璀璨的成就，但其差异性也较大。相关学者指出，若某一地区缺乏先进的数学文化，其地区注定要败落。同时，不了解数学文化的民族，也会面临败落的困境。

（三）数学文化具有可塑性特征

相较于其他文化，数学文化的传承与发展，主要路径是高校的高数教育，高数教学对数学文化的发展具有十分重要的作用。数学知识渗透在各个领域中，要想促进科技、文化以及经济等进步与发展，数学是实现这一目标的有效路径。数学自身具备的特征，决定其文化中蕴含知识的可持续性以及稳定性。因此，教育工作者可通过革新高数教育体系，从而渗透和影响数学文化。数学作为一种理性思维，对人类思想、道德以及社会发展均具有一定影响。从某种意义上而言，数学文化具有可塑性特征。

三、高校高等数学教育面临的困境

（一）教学理念相对落后

高等数学的特征主要呈现在由常量数学转向变量数学，由静态图形学习转向动态图形学习，由平面图形学习迈向空间立体图形学习。在文化观视角下，部分高数教师仍采用传统教学理念。在高数课堂中，教师并未将数学文化与高数教学有机结合，教学理念也相对滞后，对文化观背景下的高数内涵认知也较为局限。例如，在空间立体图形相关知识学习时，教师利用多媒体将图形呈现给学生，用多媒体替代黑板加粉笔的组合。但这一方式，多以高数教师为中心，多媒体用于辅助教师讲授知识。教师往往忽视学生的学习方法，对数学文化的渗透也相对不足。

（二）缺乏创新教学模式认知

高数学科具有独有的特征，其数学逻辑严密，内容丰富。但是，自文化观视角下，高数教学面临创新性不足的难题。一方面，高数教学中无法体现文化观内容。数学课堂作为评价教学质量的主要途径，传统教学模式中，部分教师过于注重数学公式、解题技巧以及概念的讲解，忽视与学生间的互动交流，学生实践解题机会较少，难以检测自身高数知识的掌握程度。另一方面，课堂进度难以控制。部分教师虽在课堂中渗透数学文化，但往往将数学知识全部展示给学生，导致课堂进度较难控制。

（三）评价体系缺乏合理性

近几年，我国高校针对高等数学的教学评价还未完善，缺乏合理性评价机制较易导致功利行为。由于高等数学作为基础性工具学科，其价值往往被学生忽视。多数大学生较为注重自身专业课的学习，对相对抽象且难以理解的高数学科，重视度不足，缺乏对高数学习的积极性。因此，学生在课堂中与教师互动不足，导致教学评价内容相对单一。部分院校将高数课堂中教师是否渗透数学文化作为评定教学质量的主要指标。除此之外，在文化观视角下，高数教师在评价学生时，往往停滞在评定学生成绩的层面上，而忽视高数课堂中学生呈现出的数学能力以及高数知识结构，导致多数学生对高数教学评价结果不认同。这一缺乏合理性的评价体系，对高数教师教育积极性、学生学习高数主动性均产生了反向影响，对高数教学质量的提升造成了阻碍。

四、文化观视角下高校高等数学教育的有效策略

（一）重视高数与其他学科间的交流

高数不是单一的学科，作为基础性工具学科，高数与其他专业均有紧密联系，如化学专业、软件技术专业等。并且，多数专业的学习均以高数作为基础。高数学习十分重要，要想使学生充分认识到其重要性，高数教师应增加高数与其他专业间的交流。在讲授高数理论的同时，引导学生学习其他专业知识，促进学生深度了解数学德育的应用范围。通过这一方式，使学生认识到学习高数的价值，有助于提高学生自觉学习高数的动力。

（二）革新教学理念

革新教学理念，提升高数教师的综合素养。高校应呼吁教师群体通过调研、探讨等方式，逐渐确立文化观视角下的高数教学理念，并将其实践到高等数学教育中。在这一基础上，高校相关部门应倡导、推广、践行新型高数教学理念，促进院校高数教学迈向数学文化的前进方向。此外，高校高数教师应深刻认知，单纯凭借教材知识的讲解，难以调动大学生对高数的求知欲。相反，丰富、趣味性的数学文化可以吸引当代大学生的关注度。因此，高数教师不但应将教材中蕴含的高数知识讲授给学生，还应在教学中渗透数学文化。革新教学理念，使大学生在丰富有趣的数学文化中，深入理解与学习高数知识，实现高数教学目标，促进学生数学能力的提升。

（三）创新教学模式

高校高等数学课堂中，传统的依赖教材讲解知识，学生听讲以及练习数学习题的教学模式，已经无法满足大学生的发展要求。由于高数知识相对抽象，传统的教学方式难以使学生深入理解。同时，大学生历经小学、初中以及高中等阶段的数学学习，在高数学习阶段，大学生自身已经了解了相对完整的数学体系。因此，教师在高数教学中，应增加引导学生自主学习的教育环节，使学生可以将自身所学的高数知识熟练地应用到生活中，并具备解决实际问题的能力。文化观视角下，教师应将高数知识和实际问题有机融合，在实践中培养学生逻辑思维以及分析问题的才能。高数教师应为学生提供充足的实践机会，引导学生利用高数理论解决实际问题。在这一过程中，教师应起到辅助及引导作用。这一教学模式，不但可以培育学生对高数的热情，强化学生的综合能力，还能使学生切实认知到学习高数的价值及意义，并在解决问题后，取得一定的成就感。

综上所述，高校高等数学教育中，部分教师还未深刻认识到数学文化的重要性及

其价值，对文化观的重视程度相对较低。但伴随着高数教育的革新与发展，多数教师逐渐意识到高数课堂渗透文化观的重要性，并践行到高数教学中。伴随着教师综合素养的持续提升，在高数教育中结合数学文化，有助于使学生逐渐增加对高数的兴趣，激发学生的求知欲，进而优化高数教学质量，促进高校教育事业以及大学生发展共同进步。

第二节　数学文化在大学数学教学中的重要性

数学文化在大学数学中占有重要的地位，如何更好地在大学数学教学中融入数学文化是当前面临的难题。本节首先浅析数学文化在大学数学教学中的内涵和重要性，同时详细分析数学文化在大学数学教学中的具体应用。

数学是社会进步的产物，推动着社会的发展。将数学文化融入课堂改变传统的教学方式，结合学生在课堂中的实际情况引进新的教学方式，以便更好地提高学生的学习兴趣，充分发挥学生的主体作用，培养学生的逻辑思维。教师通过不断创新教学方式，提高课堂教学水平，确保教学质量。将数学文化应用在大学数学课堂中，更好地提高教学理念，可以激发学生学习数学的兴趣。

一、数学文化在大学数学教学中的内涵与重要性

（一）数学文化的基本内涵

不同的民族有不同的文化，所以有属于不同文化的数学。中国的传统数学和古希腊数学都有辉煌的成就和价值，但是两者存在明显的差异。数学文化主要是通过孤立主义产生的，其内涵十分丰富。数学是一种文化现象，是人们的生活常识。数学文化作为一个单独的板块，其过度形式化，让人们错误地理解数学只是天才想象的创造物，数学的发展不需要社会的推动，数学存在的真理也不需实践。

（二）数学文化的重要性

数学文化在大学数学中的重要性，主要包括两方面：①提高学生的学习兴趣。数学教师在课堂中可以结合数学文化进行教学，提高学生对数学的学习兴趣，从而提高课堂教学质量。在课堂中运用不同的教学方法，不仅能够激发学生的学习兴趣，还能够提高教学质量。结合实际课堂背景，教师可以通过多媒体方式进行教学。多媒体功能齐全，可以展示数学文化的视频、图画，吸引学生的注意力，从而使数学课堂变得更加丰富生动。教师在教学过程中，应该脱离书本知识，结合实践培养学生的逻辑思

维能力。②培养学生的创新能力。教师是课堂中的引导者，学生是主体，教师要与学生建立良好的关系、平等交流。大学期间是培养学生逻辑思维能力的关键阶段，在数学课堂教学中融入数学文化，对培养大学生的逻辑思维创新能力尤为重要。数学教师可以指定具体的教学目标，在制定教学方案时要从学生的实际情况出发，这样才能够在教学的过程中充分地发挥数学文化的作用。

二、数学文化在大学数学教学中的具体应用

（一）改变传统教学理念

在大学阶段学习数学，教师不但要向学生传授课本知识，同时还要结合数学文化，让学生认识数学发展的历程，提高学生学习数学的兴趣。通过在课堂上学习数学知识，学生在掌握数学知识的同时，还了解了数学文化。比如，伟大的数学家阿基米德，在数学领域具有突出贡献，他的很多手稿保留至今。很多数学家把阿基米德的原著手稿翻译成现代的几何方面，利用阿基米德的数学成就潜移默化地让学生认识数学，提高学生的数学知识。

（二）丰富课堂内容

大学教师在开展实践活动时，要结合学生的实际情况制定具体方案。选择最优质的数学内容，丰富课堂教学内容，丰富数学文化的基本内涵。数学教师在课堂中结合数学文化，以及适当结合数学历史，讲授数学的发展历程，同时结合数学的演变进行考察，进行总结评价。在课堂中融入数学文化，首先应该让学生知道数学是一门专研科目，运用推理法和判断法可以解决数学问题等。当前教学的改革越来越重视学生的成绩，关注学生的发展，所以需要教师提高教育水平、创新课堂教学方法、具备高效的数学课堂教学理念。比如学校可以组织关于数独、填色游戏等一系列数学实践活动，学生在活动中能培养逻辑思维能力，同时还能激发对数学的兴趣。

（三）强化数学史的教育

大学数学教师在课堂中应该加强数学史的教育，丰富数学文化。例如，可以介绍以华人命名的数学科研成果、中国的数学成就、数学十大公式以及著名的数学大奖等等知识。通过这种传授方式，能够让学生从宏观角度了解数学的发展历程，同时对数学历史进行研究，学生还可以了解中外数学家的成就和重要的品格。最重要的是通过了解数学的发展历程，探究数学家的思想，可以帮助学生掌握数学发展的内在规律，对数学的进展进行指导，从而预见数学的未来。

（四）了解数学与其他学科之间存在的联系

教师在课堂中要引导学生了解数学与其他学科存在的联系，可以在课堂中介绍物理学、天文学等重大发现都与数学息息相关。牛顿力学和爱因斯坦的相对论、量子力学的诞生等重要的研究成果都是以数学作为基础的。现代许多高科技的本质就是运用数学进行研究的，如指纹的存储、飞行器模拟以及金融风险分析等。当今数学不是通过其他学科进行技术研究，而是直接应用在各个技术领域中。

综上所述，数学不仅是一种文化语言，也是思考的工具。将数学文化应用在大学数学课堂中，提高学生的独立学习能力。学生在独立学习的过程中找到学习的方法。教师通过课堂检测发现学生存在的问题，进一步引导学生探索正确的学习方法。因此数学教师要进行不断的探究和发现，充分发挥数学文化在大学数学中的作用，吸引更多学生学习数学，进而创造更多的数学文化价值。

第三节　大学数学教学中数学文化的有效融入

数学是一门十分有魅力的学科，学习数学对于大学生来说意义重大。数学不仅仅是科学技术知识学习的基础，而且和生活有紧密的联系。笔者从数学文化的重要意义与作用出发，探索大学数学教学中融入数学文化的有效途径。

高等数学教育是大学教育课程体系中的重要组成部分，数学教育不仅仅是一门单独的学科，与其他的学科也有极大的关联性，尤其是在理工科学习上。数学文化一方面可以增强学生学习数学的兴趣和增强学生对数学的理解，帮助学生提高数学成绩。另一方面也能够帮助学生感受到数学与社会之间、数学与生活之间、数学与其他文化之间的紧密联系。这对于学生理解和学习数学，融入其他的知识体系有十分重要的意义。但是，目前一些院校并没有将数学文化教育纳入数学教学课程体系之中，对数学文化的教育重视程度还不够，没有充分理解到数学文化对数学学习的重要意义，师资力量不够强，评价制度不够完善。有鉴于此，笔者探索将数学文化融入大学数学教学的途径。

一、加强师资队伍建设

在大学数学教学中融入数学文化是需要教师资源的有力保障才能够完成的工作。没有优质的教师，在大学数学教学中融入数学文化这项工作就不可能得到很好推进。进行教学工作的教师是决定教育成果好坏的根本力量，因此，必须加强师资队伍建设。一是增强大学数学教师的专业知识学习。大学数学教师在数学文化融入大学数学教学中起着引导作用，他们本身的数学文化基础和对数学文化的理解、掌握程度对在大学数学教学中融入数学文化具有根本性的影响。大学数学教师应当对数学史有很深刻的学习，准确把握数学史的发展、数学文化和数学思想；准确掌握数学语言，能够运用数学语言让大学生感受到数学文化的魅力。在教授过程中，大学教师要增强自己对数学与社会的关系的认识。数学不是一门孤立的学科，与社会具有很强的关联性。可以说，在社会的方方面面，在每个人的工作与生活中，都要运用数学知识去解决一些问题。教师在教学中要很好地将数学文化与数学教学结合起来。二是增强教师的职业道德。大学教师不仅将知识传授给学生，更是道德品质的楷模。教师在进行大学教学时，要以严谨的作风和扎实的行为基础开展大学数学教育工作。教师的职业道德素养决定着教育的好坏程度，影响着教学成果。就将数学文化融入数学教学这项工作而言，教师的工作作风和道德品质有着极其重要的影响。三是为大学教师提供良好的生活保障。建立专业的大学教师队伍对将数学文化融入数学教学工作有十分重要的意义。只有当教师的生活得到了基本保障，才能全身心地投入工作，在数学教学中，才能创新工作方法，将数学文化引入到数学教学中，增强教学效果和教学质量。

二、与时俱进，转变思想

在大学数学教学中，思想影响着教学效果。目前一些大学教师对数学文化融入数学教学的认识不够充分，没有完全认识到数学文化融入数学教学的重要意义。数学文化可以加深学生对数学的理解认识，增强学习数学的兴趣，对数学教育可以起到事半功倍的效果。然而在实际教学中，一些教师并没有将数学文化融入到数学教育教学中。在教学中，仅仅将数学的解题方法和枯燥的数学公式作为数学教学的重要内容。第一，教师应该认识到数学文化对于数学教学的重要意义。大学教师应该认识到数学教育是大学教育的一部分。数学教育不仅是一门学术型教育，而且是一项人文教育，将数学文化融入到大学数学教育中，能够增强学生的人文气息，让学生在学习数学的同时融入社会、融入生活，将数学知识融入到其他各项知识之中。第二，学校要营造数学文化氛围。数学文化氛围的营造对将数学文化融入大学数学教育有极其重要的作用。学校可以在公共部位张贴数学文化的宣传海报，组织数学文化宣讲会，让学生充分认识到数学文化的重要意义，在校园内营造数学文化的传播氛围。第三，学生要转变思想。学生是学习数学的主体，他们的思想得不到转变，数学教育的效果就不会有显著提升。教师在进行数学教育时，要教育学生，提高学生的思想认识，让学生充分认识到数学文化也是数学教育中的重要内容；在教学中注意引导学生提升自主学习数学文化的兴趣和能力，让学生感受到学习数学文化的重要性。

三、完善数学文化教学体系

在教学中融入数学文化教育内容，需要不断完善数学文化的教学体系。从数学教学的整体出发，将数学文化内容融入到整个数学教学体系中，对促进数学文化融入数学教学有十分重要的作用。首先，将数学思维融入数学教学体系。数学思维是数学文化的重要组成部分，数学教学的意义在于让学生用数学的思维思考问题。数学思维是严谨的思维、科学的思维。善用数学思维，巧用数学思维，对学生学习数学有重要的促进作用。在数学教学中，将数学思维教育作为主要教学内容是推动数学文化融入数学教学的一部分。其次，将数学语言作为重要的数学文化内容融入数学教育。数学语言也是数学文化的重要内容，主要由符号和抽象的数学概念组成。运用数学语言能够准确地表达数学思想、数学思维方式和数学思维过程。语言是文化传播的载体，在数学方面也不例外，数学语言也是数学文化传播的主要载体。在大学数学教学中融入数学文化一定要学会用数学语言这一重要工具，擅用数学语言传播数学文化，一定能对促进数学文化在大学数学教学中的融入有重要作用。最后，重视大学数学文化课程体系建设。大学课程虽然已经有完善的课程体系，但是并没有将数学文化的教学内容科学地纳入教学体系之中，并没有单独的数学文化教学课程。在实践教学中，应当将数学文化作为一门重要的课程，对学生进行单独的教学，增强学生对数学文化课程的重视程度。

四、建立数学文化教育考核评价体系

考核评价是检验数学文化教学的重要抓手，建立数学文化教育考核评价体系有利于推动数学文化融入数学教学。一是推动数学文化融入数学教育的教师考核评价，将数学文化融入教育教学的具体工作成绩作为数学教师绩效考核的重要指标。考核大学数学教师在进行数学教育过程中是否将数学文化融入数学教育，有没有让学生感受到数学文化的魅力、体会到数学文化的精髓。应对在这方面做得较好的教师给予宣传和奖励，以激励其他教师。在数学教学中融入数学文化的内容，将表现较好的教师的教学方法广泛地宣传和推广，扩大影响范围。将好的教学方法传授给其他的教师，增强数学文化融入数学教学的实际影响力。对于在这方面做得较差的教师，给予批评和指导，帮助他们将数学文化融入数学教学。二是建立学生的数学文化考核评价制度。在对学生进行课程考核时，将数学文化的学习成果作为考核指标之一，这样可以增加学生对数学文化学习的重视程度和学习的主动性。单纯地将数学计算的考核成绩作为评价指标不利于全面地评价学生数学学习情况的好坏。将数学文化的学习情况作为学生数学学习成绩好坏的评价指标之一，对于全面评价学生的数学学习情况具有十分重要的意义。对于一些在数学文化学习上取得优异成绩的学生应给予奖励，激励他们在今后的数学学习中发挥优势，注重数学文化的学习，并将其作为其他学生学习的榜样。

第四节　数学文化提高大学数学教学的育人功效

将数学文化渗透到大学数学教学中具有重要意义，它能够培养大学生的数学文化素质。本节对数学文化进行了简要阐述，研究了数学文化在大学数学教学中形成的育人功效，并在最后阐述了在大学数学教学中渗透数学文化的方法。

随着数学文化思想的不断渗透，人们对数学教学工作也更为重视，特别是大学生的数学素质在当今教育发展中具有重要意义，所以，加强数学文化的教学实践，不仅能够使学生在数学学习中感受到文化，还能形成不同的文化品位，从而促进数学教育与数学文化的发展。

数学在我国教育领域发挥着主导作用。学生一般会认为数学是一种符号，或者是一个公式，它能够利用合适的逻辑方法进行计算，并得出正确的答案。1972 年，数学文化与数学教学作为一种研究领域的出现，象征着传统的知识教育转变为了素质教育。所以，在大学数学教学中，要转变传统的教学方法，提高学生的素质能力。

在传统的文化素质教育中，主要是培养学生的人文素养，并提高学生在自然科学中的科学素质以及文化素质。数学教学不仅仅是一种文化教学，也是一种科学思维方式的培养过程。所以，在数学教学中，在学生形成一定认知的情况下，对学生的成长以及生命的潜在需求进行关注，将学生的知识思维转移到价值发展思维上去，并形成一种动态性教学形式，不仅能够使学生在课堂教学中形成全面认识，还能促进学生在认知、合作以及交往等能力方面的协调与发展。

当前，在数学课堂中主要是对数学中的定理与公式更为关注，但这并不是数学的全部。在课堂教学中，都是经过习题训练的方式才能掌握到数学知识的真实信息，要促进该方式的优化与改善，就要将数学文化渗透其中，并促进数学理念与数学模式的创新发展，然后将数学文化与一些抽象知识联合在一起，以保证数学课堂具有较大的灵活性。而且根据对数学思想的深度研究，学生的创造意识以及理性思维也得到了积极培养。其中，数学中形成的理性思维是在其他学科中无法实现的，它是数学中的一种特殊思维。因此，在数学教学中，不仅要重视相关理论知识的传输，还要重视对人的培养，并使学生认识到数学文化的重要性，激发学生的学习兴趣与学习热情。数学中的教与学是一种互动过程，它能够让学生在其中积极探讨，并改变传统的教学方式。所以说，利用数学文化不仅激发学生的积极性与主动性，促进学生形成了良好的创新精神，还使学生更热爱数学，合理掌握数学知识，以提高自身的科学文化素质。

一、数学文化应用到大学数学教学中形成的育人功效

（一）执着信念

将数学文化渗透到大学数学教学中能够使学生形成执着的信念。信念是认知、情感以及意志的统一，人们在思想上能够形成一种坚定不移的精神状态。大学生如果存在这种信念，不仅能够在人生道路上找到明确的发展目标，为其提供强大的前进动力，还能形成较高的精神境界。信念也是一种内在表现，主要包括人生观、价值观等方向，而其外在表现更是一种坚定行为。所以，大学生在人生的道路中要确立目标，就要将信念作为一种动力。我国在当今发展背景下，大学生更要加强自身信念，并形成正确的人生观、价值观，这才是教育工作者在发展过程中主要思考的内容。当前，大学生的思想政治都是积极、向上的，面对现代较为激烈的社会竞争，一些大学生也存在政治信仰盲从现象，不仅形成的信念比较模糊，也产生了一些问题。所以，在大学数学教学中，将数学文化渗透其中，能够对大学生人生观、价值观进行积极引导。如：大学数学中的《微积分》课程就存在一些育人功效，它不仅能够阐述数学发展的历史，使学生感受到数学家的独特魅力，还能从知识中获取更多鼓励，并增强自己的学习信念。

（二）优良品德

在大学数学教学中，学生不仅要具备完善的科学技术文化，还要形成较高的思想道德品质。在大学数学教学过程中，也要形成一些优良品德，所以，将数学文化贯穿到大学数学教学中，能够将一些育人功效完全体现出来。这其中，教师就要适时转变，不断调整，以使学生能够适应大学生活。很多学生在高中阶段都向往大学的自由，但大学生活与学生想象的存在较大差异，这时候，他们会比较失落、沮丧，所以，应对大学生的思想进行及时调整。例如，在《微积分》课程中，针对一个问题，要求学生利用多种思维，学会变通，能够在解决问题期间随机应变。还要将数学原理作为主要依据，并学会创新，从而使学生形成正确的人生观与价值观。将数学文化渗透到大学数学教学中，能够对大学生善于发现问题的能力、随机应变的解题能力进行培养，并在其中学会创新，以促进学生的全面发展。

（三）丰富知识

将数学文化渗透到大学数学教学中去，能够使学生掌握到丰富的知识。因为在大学数学学习中，学生不仅要具有较强的专业知识，还要形成广阔的视野。大学数学是高校开设的一门必修课程，能够提高学生的数学能力。在实际学习期间，教师不仅传授知识与训练能力，还要不断挖掘课程中的相关素材，以保证数学文化、数学历史以

及数学知识等得到充分体现。数学家研究出的数学原理都是经过实践验证的，学生在该形式下，不仅能够养成敢于挑战的精神，还能将相关思想应用到其他科目上去，从而实现一定的育人效果。

（四）过硬本领

将数学文化渗透到大学数学中去，能够培养学生的过硬本领。我国数学历史文化发展深远，人们在生产与生活中都需要数学知识。在新时期，数学在科学技术、生产发展中发挥了巨大作用，并在各个领域中得到充分利用。例如，微观经济学中就需要函数、微积分等知识，能够利用数学手段解决社会与市场上面对的问题。万有引力定律、狭义相对论以及方程形式等都是利用数学知识得来的。所以说，数学在其中扮演着较为重要的角色。而且，将数学文化渗透到大学数学教学中，还能提高学生的数学素养，并促进形成自身的过硬本领。文化是人们在社会与历史发展中创造的物质财富以及精神财富，它不仅是一种价值取向，也能对人们的行动进行规范。数学文化的形成需要较高的文化教育理念，能够对存在的问题进行分析解决。因此，要根据文化发展背景，使学生在数学学习中感受到数学文化与社会文化之间的关系，以使学生的数学文化素养得到积极提高，保证创新人才、高素质人才培养目标的实现。

二、渗透数学文化、提高大学数学教学功效的对策

（一）转变数学教学观念

在大学数学教学中，要转变传统的思想观念，保证在实际的数学教学中形成数学文化。数学观的形成在教学中存在着较为客观的影响，数学教师的思想观念直接影响着学生对数学知识的掌握，如果形成不合适甚至消极的数学观念、数学教学方法，学生的思维发展产生的也是负面影响。为了增强对它的认识，并在思维方式上形成积极的追求，就要体现出逻辑与直观、分析与构成、一般与个性的要素研究。只有共同的发展力量才能实现数学本身的价值，因为数学并不是表面上的简单的知识总和，人们主要将其看作是一种创造性活动。所以说，数学观念具有多种特点，其中也包括多种数学教育方法。随着现代科技文化与现代形态的形成，数学思想不断发展，数学教育者应改变传统的、单一的数学观念，并促进其教学符合当代的发展需求。数学也是一种逻辑体系，在对其创造过程中需要猜测、推理等，不仅要在大学数学教学中体现出理性精神，还要将社会文化作为依据，促进人文价值的实现。在大学数学教学过程中，要促进数学理性精神与文化素质的结合发展，教师要根据数学思想的积极引导，利用有效方法促进自身传授的有效性，保证数学思想得到合理渗透。

（二）联系文化背景

结合文化背景，促进大学数学教学课堂的优化。因为大学数学中的教学内容高度抽象化，在高考教学目标的引导下，学生认为数学学习是为了考试，所以，为了使学生形成正确的学习思想，教师就应根据文化背景进行分析。目前，大学数学课程中的相关知识都比较陈旧。在西方，人们认为数学中的一些知识都要利用逻辑方法对其证明，所以在人们的思想中形成了一种思维体系。从古希腊时代至今，数学在自然科学发展以及社会进步中都起到了较大作用。我国数学文化中缺乏一种理性精神以及科学精神，并没有形成一种理性哲学规律，我国也没有形成一种与自然、社会等因素相关的数学精神，并将数学作为社会发展中的一种使用工具。在这种背景下，就要求学生要具有理性精神，还要对我国的传统文化形成认知，并打破自身的思维局限，将数学文化作为主要的发展背景，以实现数学的文化价值和产生理性数学精神。

（三）加强思想方法

在数学教学中，加强思想方法能够激发学生的学习兴趣。目前，大学生在应试教育中都习惯解题训练以及技能训练，他们认为数学是解题，却忽视了数学本质中的一般思想方法。在大学数学教学中，学生应认识一种技巧，并对其中的数学知识进行推理、判断等。所以，在教学中，要加强学生的思想阐述，并激发学生的学习兴趣。宏观的数学思想，主要包括哲学思想、美学思想以及公理化方法等。一般的数学思想方法，主要包括函数思想、极限方法以及类比、抽象等。所以说，数学思想方法隐形在数学知识中，它不仅能够揭示原始的思想，还能以独特的方法促进其演变。数学思想方法要能够展示知识的发生过程，并能够对其中的细节进行点拨。例如，在泰勒公式中，首先，要了解泰勒公式最初产生的背景，因为在航海事业发展中，会利用到三角函数、航海表等，不仅需要确定出其中的精度，还要解决一些问题，所以说，函数是非线性知识中良好的思想方法。然后，提出相关问题，因为该方法不能实现较高的精确度，所以，就要实现多项式、高精度二次项公式。接着，对猜想的结论进行证明，并得出泰勒公式。最后，将泰勒公式的复杂式表现为简单化。

大学数学教学不仅仅是知识的传授，还是学生素质提高、能力培养的主要过程。将数学文化渗透到大学数学教学中去，学生必须要认识到数学知识与数学文化之间的关系，然后实现两者之间的有机结合。在这种层面上，不仅能够揭示数学文化代表的意义，还能保证大学数学教学达到良好效果，从而使学生在文化熏陶下提高自身的数学素养。

第五节　数学文化融入大学数学课程教学

从数学文化融入大学数学课程教学的背景与现状分析，提出了教学改革思路及需要解决的关键问题，给出了将数学文化融入大学数学课程的具体实施方法。实践表明，通过教学改革充分调动了学生的学习积极性，提高了学生的数学能力，取得了较好的教学效果。

大学数学课程是工科专业开设的必修课，对于理科及工科专业，教师多半以讲授数学知识及其应用为主。对于数学在思想、精神及人文方面的一些内容很少涉及，甚至连数学史、数学家、数学观点、数学思维这样一些基本的数学文化内容，也只是个别教师在讲课中零星地提到一些。很多文科专业使用的教材和课程内容基本是理工科数学的简化和压缩，普遍采取重结论不重证明、重计算不重推理、重知识不重思想的讲授方法，较少关注数学对学生人文精神的熏陶，更多的是从通用工具的角度去设计教学。因此，很多大学生仍然对数学的思想、精神了解得很肤浅，对数学的宏观认识和总体把握较差。而这些数学素养，反而是数学让人终身受益的精华。因此，在大学数学教学中应注重数学文化的融入，培养学生的数学修养。

一、数学文化融入大学数学课程教学的思路与解决的关键问题

（一）数学文化融入大学数学课程教学的基本思路及目标

1. 基本思路。对于理工科专业的学生，仍然要加强数学在工具性和抽象思维方面的能力培养，适当地融入数学文化等内容，提高大学生学习数学的兴趣。文科学生参加工作后，具体的数学定理和公式可能较少使用，而让他们能够受益的往往是在学习这些数学知识过程中培养的数学素养——从数学角度看问题的出发点，把实际问题简化和量化的习惯，有条理的理性思维、逻辑推理的意识和能力，周到地运筹帷幄等。所以，对于文科学生而言，数学教育在工具性和抽象思维方面的作用相对次要，在理性思维、形象思维、数学文化等人文融合方面的作用更加重要。

在教学中，应使学生掌握最基本的数学知识，掌握必要的数学工具，用其来处理和解决自然学科、社会及人文学科中普遍存在的数量化问题与逻辑推理问题。尽量使文科学生的形象思维与逻辑思维达到相辅相成的效果，并结合数学思想的教学适度地训练他们的辩证思维。了解数学文化，提高数学素养，潜移默化地培养学生数学方式的理性思维，使数学文化与数学知识相融合，尽可能地做到水乳交融。

2. 基本目标。通过数学文化融入大学数学课程教学使学生理解数学思想、精神、

方法，理解数学的文化价值；让学生学会运用数学方式的理性思维，培养创新意识；让学生受到优秀文化的熏陶，领会数学的美学价值，提高对数学的兴趣；培养学生的数学素养和文化素养，使学生终身受益。

（二）数学文化融入大学数学课程教学需要解决的关键问题

数学文化融入大学数学课程教学需要解决以下关键问题：（1）数学教育对于大学生尤其文科大学生的作用；（2）文科高等数学教材体系、教学内容与文科专业相匹配；（3）在教学中培养文科学生形象思维、逻辑思维及辩证思维；（4）将数学文化及人文精神融入到大学数学教学中。

二、数学文化融入大学数学课程的实施

（一）将提高学生学习数学的兴趣和积极性贯穿于教学的全过程

在教学中从学生熟悉的实际案例出发，或从数学的典故出发，介绍一些现实生活中发生的事件，以引起学生的兴趣。例如，在讲定积分的应用时，介绍了如何求变力做功后，用幻灯片展示了 2007 年 10 月 24 日我国成功发射的嫦娥一号卫星，历经 8 次变轨，于 11 月 7 日进入月球工作轨道。然后向学生提出了 4 个问题：卫星环绕地球运行至少需要多少速度？进入地月转移轨道至少需要多少速度？报道说，当嫦娥一号在地月转移轨道上第一次制动时，运行速度大约是 2.4 km/s，这是为什么？怎样才可保证嫦娥一号不会与月球相撞？学生利用已有知识给出了回答，提高了学生的学习积极性。

（二）将揭示数学科学的精神实质和思想方法等数学素养作为教学的根本目的

文科数学课时比理工科少一半，所学的一些具体定理、公式往往会忘掉，但若通过学习能对数学科学的精神实质和思想方法有新的领悟和提高，才是最大的收获，并会终身受益。数学素质的提高是一个潜移默化的过程，需要教师引导，学生领悟。因此，在数学知识教学中，应注重过程教学，介绍一些问题的知识背景，讲清数学知识的来龙去脉，揭示渗透于数学知识中的思想方法，突出其中所蕴含的数学精神，让学生在学习数学知识的同时，自己体会数学科学精神与思想方法。根据文科学生擅长于阅读的特点，在教材的各章节配置一些阅读材料，要求学生课后认真阅读。这些材料适时、适度地介绍了基本概念发生、发展的历史，简明扼要地介绍数学发展史中的一些有里程碑意义的重要事件及其对于科学发展的宝贵启示，以及一些数学家的事迹与人品，

并以较短的篇幅简要地介绍数学科学中的一些重要思想方法。

（三）结合专业特点讲解数学知识

高等数学有抽象的一面，尽管注重过程教学，但数学基础较差的学生仍难以理解数学知识所蕴含的数学思想方法。考虑到文、理、工科学生对自身专业的偏好以及已有的专业知识，在教学中，教师应以学生专业为教学背景，引入课题、说明概念、讲解例题，使得抽象的数学知识与学生熟悉的专业联系起来，激发学生学习的兴趣。如介绍微积分在经济领域的应用，通过边际效应帮助学生加深对导数概念的理解；引用李白的诗句"孤帆远影碧空尽，唯见长江天际流"来描写极限过程；通过气象预报和转移矩阵加深学生对矩阵的认识；以《静静的顿河》《红楼梦》等文学艺术作品中作者的考证说明数理统计的思想方法；从"三鹿奶粉"事件的法律诉讼引申到假设检验以及如何选取"原假设"和"备择假设"。

在大学数学课程中渗透数学文化素质教育。作为教师，要树立正确的数学教育观，深刻地理解和把握数学文化的内涵，在教学活动中积极实践，勇于创新。对于学生来讲，只有利用一定的数学知识或数学思想解决一些现实问题，或了解用数学解决实际问题的一些过程与方法，才能体会到数学的广泛应用价值，真正地形成数学意识，培养数学素养，提高数学素质，从而提高运用数学知识分析问题和解决问题的能力。

第六节　数学文化在高校数学中的应用与意义

在我国目前大部分的高校，不论什么专业都把数学这门学科作为必修课，尤其对于理工科的学生，数学显得尤为重要，数学无处不在的渗透进他们的学习与日常生活中。高校的教学方式不能像九年义务教育那样，只着重数学的实际应用，在实际的教学过程中，我们要对学生进行数学文化素养的培养，使数学文化能够在高校教学中得以体现。本节以高校数学教学为主要背景，讲述了数学文化在高校数学中的应用及重要意义。

在高校教学中，理工学科学生学习的成绩与数学息息相关，要想高标准地将理工学科知识掌握，必须具有相对扎实的数学知识及全面的数学思维，这就要求学生在高中的学习中要全面发展。九年义务教育中，对数学的教育方式过于死板，只用教材中的公式及理论去解决数学问题，学生的学习目的只是为了应付考试，而不是发自内心的喜欢数学。进入大学以后，数学的难度增强，如果还用传统的学习方式，不仅数学成绩没有提高，还会影响其他相关科目。所以在大学教学中，要将数学文化渗透进去，使得学生对数学有更深层次的了解，这样学生在提高学习兴趣的同时，对数学知识也有一定的理解。

一、在高校教学中应用数学文化的重要意义

（一）端正学生的学习态度

学生的心态决定着学生对数学学习的态度，学生学习数学的时候，是否有积极性与主动性直接影响着数学学习效果。在教学过程中，我们要将数学文化渗透进去，通过了解数学文化，从而激发学生的积极主动性，调整学生的学习态度。我们可把一些知名数学家的传记在课堂上进行讲解，用他们钻研数学的刻苦精神鼓励学生产生学习的动力及兴趣，达到刻苦学习数学知识的目的。

（二）形成学生对数学学习的意志

数学学科相对于其他学科而言，抽象性和逻辑性很强。对于学生来讲，这门学科的难度很大，在数学学习过程中，会遇到很多困难来打击学生的学习积极性，学生学习数学的时候，显得很吃力，在一道数学题上耗费大量的时间是常有的事，学生很容易产生放弃学习的想法。所以，我们在数学教育过程中，将数学文化知识融入进去，让学生在数学文化历史中得知数学历史的辉煌成就，在提高学生对数学学科的兴趣的同时，使学生产生想把数学继续发扬的责任与使命感，当有放弃学习数学的想法时，会有一种力量促使他们在学习数学的道路上继续前行。

二、在高校教学中应用数学文化的策略

（一）对教学设计进行优化，展开研究型数学文化教学

数学文化教学主要是教师将数学内涵和数学思想传授给学生的过程，是教师与学生共同发展与交流的过程。教师在教学过程中，要对教学设计进行优化，展开研究型数学文化教学模式，才能使数学文化能够更好地渗透到大学数学教育中。

总结：要结合学生的专业，研究出学生能够自主且独立思考的教学方式，在学到基本数学知识的同时，对数学精神进行培养。在教育过程中，教师要多多鼓励学生能够将自己的问题与想法提出来，勇于质疑，使得数学文化能够逐渐地渗透到高校教学中。

（二）增强教师的自身文化素养，取缔传统教学模式

必须取缔传统的教学模式，改变教学观念，提高教师自身的文化素养，才能将数学文化渗透到数学教学中。由于我国教学一直采用传统教学模式，应试教育使得教师只注重于数学的实际应用，而对数学文化上，只字不提。所以，教师要将原有的教学理念改变，在注重数学教学实际应用的同时，将数学文化引入课堂中，将数学文化逐

渐地渗透到数学教学中。教师是数学教学的施教者、组织者和引导者，应该利用课余时间进修，在提高自身数学知识的同时，增强自身数学文化素养，以丰富的数学文化知识熏陶自己，在日常生活中，找寻与数学相关的理论知识及使用方法，为课堂上能够更好地将数学文化与知识相融合奠定基础。这样，才能使数学文化更好地渗入到大学数学教学中。

（三）完善数学教学内容，提高学生对数学的学习兴趣

要想将数学文化更好地在高校教学中应用，那么在数学学科的教学过程中，教师要对数学教学内容进行整合，丰富教学知识，不能仅限于将教材内的知识对学生进行灌输。在高校数学教学中，作为教师，要适时地将与数学文化相关的内容逐渐引入数学教学中。例如，数学的发展历史、概念及公式的由来、定理的衍生等，减少课堂教学中的枯燥感，把课堂氛围变得活泼，使学生在学习基础知识的同时，更好地对数学发展历程进行了解。教师在授课的过程中，要简明扼要地讲述教学内容，从而激发学生的学习兴趣。在短时间内，将学生的学习情绪稳定下来，达到吸引学生注意力和开发学生数学文化思维的目的。经过多年的教学经验，我们不难看出，数学教材当中，有很多教学内容能侧面帮助学生形成正确的人生观和世界观，所以，教师在教学的过程中，一定要着重对学生进行数学历史的相关知识进行讲授，使学生能够更好地对数学发展历程有所了解，在渗透数学文化教学的同时提高学生对数学的学习兴趣，促使学生建立学习数学的自信心，提高学生自主学习的积极性。

总而言之，将数学文化引入到高校数学教学中，在对教学质量进行提高的同时，还能使学生对数学的学习兴趣增强，从而提高学生对数学学习的自主积极性。所以，作为高校教师，一定要将自身的数学文化素养进行提高，把数学基础知识与数学文化有机结合，将学生对数学知识的好奇心调动起来，使得数学文化能够最大限度地发挥作用，让学生能够更好地吸收数学文化基础知识。

参考文献

[1] 苏建伟.学生高等数学学习困难原因分析及教学对策 [J].海南广播电视大学学报，2015(2):151–154.

[2] 温启军，郭采眉，刘延喜.关于高等数学学习方法的研究 [J].吉林省教育学院学报（上旬），2013(12):1–3.

[3] 同济大学数学系.高等数学：第 7 版 [M].北京：高等教育出版社，2014.

[4] 黄创霞，谢永钦，秦桂香.试论高等数学研究性学习方法改革 [J].大学教育，2014(17):19–20.

[5] 刘涛.应用型本科院校高等数学教学存在的问题与改革策略 [J].教育理论与实践，2016(24)：47–49.

[6] 徐利治.20 世纪至 21 世纪数学发展趋势的回顾及展望 (提纲)[J].数学教育学报，2000(1)：1–4.

[7] 徐利治.关于高等数学教育与教学改革的看法及建议 [J].数学教育学报，2000(2)：1–2，6.

[8] 王立冬，马玉梅.关于高等数学教育改革的一些思考 [J].数学教育学报，2006(2)：100–102.

[9] 张宝善.大学数学教学现状和分级教学平台构思 [J].大学数学，2007(5)：5–7.

[10] 夏慧异.一道高考数学题的解法研究及思考 [J].池州师专学报，2006(5)：135–136.

[11] 赵文才，包云霞.基于翻转课堂教学模式的高等数学教学案例研究——格林公式及其应用 [J].教育教学论坛，2017(49)：177–178.

[12] 余健伟.浅谈高等数学课堂教学中的新课引入 [J].新课程研究（中旬刊），2009(8)：96–97.

[13] 江雪萍.高等数学有效教学设计的探究 [J].首都师范大学学报 (自然科学版)，2017(6)：14–19.

[14] 同济大学数学系.高等数学：第七版，下册 [M].北京：高等教育出版社，2014：25.

[15] 谌凤霞，陈娟."高等数学"教学改革的研究与实践 [J].数学学习与研究，2019(7).

[16] 王冲. "互联网+"背景下高等数学课程改革探索与实践 [J]. 沧州师范学院学报，2019（1）:102-104.

[17] 王佳宁. 浅谈高等数学课程的教学改革与实践研究 [J]. 农家参谋，2019（5）.

[18] 茹原芳，朱永婷，汪鹏. 新形势下高等数学课程教学改革与实践探究 [J]. 教育教学论坛，2019（9）:143-144.

[19] 中华人民共和国教育部. 普通高中数学课程标准 [M]. 北京：人民教育出版社，2017.

[20] 杨兵. 高等数学教学中的素质培养 [J]. 高等理科教育，2001（5）：36-39.

[21] 同济大学数学系. 高等数学：第六版 [M]. 北京：高等教育出版社，2007.

[22] 李文林. 数学史概论：第3版 [M]. 北京：高等教育出版社，2011.

[23] 沈文选，杨清桃. 数学史话览胜 [M]. 哈尔滨：哈尔滨工业大学出版社，2008.

[24] 曲元海，宋文媛. 关于数学课堂"内涵"的再思考 [J]. 通化师范学院学报，2013（10）：71-72，78.